JN137055

イージス・アショアを追う

秋田魁新報取材班

秋田魁新報社

はじめに

この本は、２０１７年の晩秋に、突如浮上した秋田、山口を候補地とするイージス・アショア配備計画をめぐる一連の動きを追った、秋田魁新報社取材班の足かけ2年に及ぶ取材と報道の記録です。

イージス・アショア――。耳慣れない言葉の響きに、当初から緊迫感を持って報道を受け止めた県民はそれほど多くはなかったようです。ただ施設の配備候補地が秋田市新屋であることが具体化し、配備されるのが日本を射程に収める北朝鮮の弾道ミサイルに備えた地上配備型の迎撃システムであるという輪郭が明らかになるにつれ、不安と混乱が広がっていきました。

そもそも、なぜ配備候補地が秋田と山口なのか。だれもが感じる率直な疑問に対する防衛省側の説明は「日本全土を守ることができるから」など歯切れの悪いものでした。「首相と官房長官の出身地ならば、配備計画が容易に進むとみたのではないか」。そんな憶測も飛び交う始末です。

そのころ講演のために秋田市を訪れたある元防衛官僚がこんな指摘をしました。「北朝鮮の標的はあくまでも米国。位置関係からして、秋田はハワイの、山口はグアムのそれぞれ米軍基地を守るための最適候補地なのでしょう」。すとんと腑に落ちる指摘でした。

だがそれが事実だとして、取材活動の拠点を秋田に置く自分たちが、日米安全保障の下、国家間で取り決めた事柄の真相にどこまで迫れるのだろうか。記者たちが言いしれぬ戸惑いや不安を覚えていたのは事実です。そんな記者たちを後押ししたのが、学校や福祉施設が立ち並ぶ住宅街に隣接している土地が、配備候補の適地であるわけがない、という揺るぎない信念でありました。

取材先を海外に求め、それまで足を運ぶことがなかった防衛大臣の定例会見にも欠かさず出席するなど、編集現場は総力を挙げてこの問題に立ち向かいました。

「イージス・アショア配備をめぐる『適地調査、データずさん』のスクープと一連の報道」はことし9月、2019年度新聞協会賞に選ばれました。1968年に「吹っ飛ばせ県民病」、1974年に「豊かさの条件」の連載企画で過去2度受賞しておりますが、ニュース部門では初めてでした。

新聞協会の選考理由は次の通りでした。

「秋田魁新報社は、ミサイル迎撃システム『イージス・アショア』の配備候補地選定を巡る防衛省の調査報告書に事実と異なるデータが記載されていることを、2019年6月5日付1面で特報した。調査書を丹念に読み込む中で浮かんだ地形断面図への疑問から、独自調査を重ねて事実を明らかにし、防衛省の配備計画のずさんさを暴いた。この特報により、防衛省が調査の誤りを認め大臣が謝罪するとともに配備候補地の再調査にもつながった。地元新聞社が国家の安全保障問題に真正面から向き合い、1年余りの多角的な取材・報道の蓄積をもとに、政府のずさんな計画を明るみに出した特報は、優れた調査報道として高く評価され、新聞協会賞に値する」

選考過程では「通常はスクープがあって企画が展開されるが、地道な取材の先にスクープがあった点を評価したい」との推薦意見があったと聞きます。スクープだけではなく、そこに連なる多角的な取材姿勢が評価されたのは総力戦を展開した私どもにとっては大きな喜びでした。

取材をリードし、スクープにつなげた社会地域報道部編集委員の松川敦志や、イージス・アショア配備済みのルーマニアや、配備計画があるポーランド取材を果敢に試みた当時政治経済部記者の石塚健悟など、軸となる取材を手掛けた記者のみならず、役割は違えども編集現場全員でつかみとった賞です。

秋田魁新報社はことし2月に創刊１４５年を迎えました。明治７年創刊の遐邇（かじ）新聞が前身ですが、その後、「秋田日報」「秋田新報」「秋田民報」など題字を次々に変えた歴史があります。それは官権力による発行停止処分、すなわち言論弾圧との闘いの歴史でもありました。社是は「正（せい）を踏（ふ）んで懼（おそ）るる勿（なか）れ」。自らが正しいと信じるのであれば、何も恐れず果敢に挑めという、戒めでもあります。編集現場に限らず全社員が胸に刻んでいます。

本稿を書いている12月初旬時点で、配備候補地の選定をめぐっては防衛省が適地調査の再調査を行っており、丹念な調査報道はこれまで以上に重要だと考えております。

だれもが情報を自在に受発信できるＳＮＳ隆盛の時代にあって、新聞など紙媒体の衰退が叫ばれています。しかしながら、新聞情報の正確さは何ものにも負けないという自負があります。新聞記事は憶測や根拠なき伝聞を徹底排除し、自らが見聞きし、掘り起こした事実の積み重ねで成り立っています。本書から、そんな仕事に打ち込んでいる記者たちの息遣いとともに、地方紙記者の情熱や気概といったものを、少しでも感じ取っていただければ幸いです。

２０１９年（令和元年）12月

秋田魁新報社

代表取締役社長　佐川博之

目次

本文中の人物は敬称略。年齢、肩書き、住所、所属団体およびその名称は文中登場時のもの、引用記事の場合は記事掲載時のものです。

第1章 困惑

2017.11〜2018.5

全国紙の報道で秋田市への配備計画が浮上。
記者たちは戸惑いの中で報道を始めた。

■後追い

2017年11月11日午前9時。秋田魁新報社4階の報道センターに出社してきた社会地域報道部編集委員の松川敦志（45）は、泊まり明けの整理部記者浅野貴之（39）から一つの記事を見せられた。

「陸上イージス、秋田・山口に／政府調整、陸自が運用へ」

読売新聞が2面に掲載したその記事は、「イージス・アショア」という新たなミサイル防衛システムを政府が導入するにあたり、配備先を秋田、山口両県とすることで最終調整に入ったと伝えていた。

土曜であるこの日、記者やデスクの勤務は週末態勢になっていて、平日より動きだしが遅く、人員も少ない。各部のデスククラスが土日に持ち回りで受け持つ「早番デスク」に当たっていた松川の仕事は、この記事への対応から始まった。

イージス・アショアが何物であるのか、詳しくは知らない。2面の右上という掲載位置は、中央省庁を主語とする特ダネにしては、地味な扱いともいえる。だが、国の弾道ミサイル防衛網を強化するために導入する最新システムの配備先に秋田が挙がっているというのであれば、地元紙である秋田魁新報にとって、しっかりと「後追い」報道すべき重要な事案であるのはまちがいない。

秋田魁新報など全国の地方紙が加盟する共同通信からも、「秋田、山口に地上イージス／政府が配備先検討」という記事が送られてきた。「政府関係者」への取材結果を元に読売の報道をなぞる内容だった。

まもなく、政治経済部長の泉一志（51）、政治班デスク小川顕（43）、社会地域報道部デスク小松嘉和（42）が出社してきた。４人で相談し、共同通信が配信した記事を1面に置くほか、社会面にも地元の反応を中心とした記事を置く案が固まった。

県内各地域の催しなどを伝える地域面のデスク業務をするかたわら、松川は関係者への電話取材を進めた。社会地域報道部秋田市担当の北嶋彩佳（29）は、２００９年に地対空誘導弾パトリオット（ＰＡＣ３）が一時的に配備されたことのある秋田市新屋地区へ行き、反応を聞いて回った。「こういう話があるんですが、どう思いますか」。数軒を訪ね歩いたが、住民の反応はいずれも薄く、自治会長からコメントを得るのがやっとだった。

政治経済部では、出番に当たっていた政治班サブキャップの石塚健悟（36）が県知事佐竹敬久のコメントを取るため動いた。知事は海外出張中だったため、県秘書課を通じ、文書でコメントをもらった。

翌12日付の秋田魁新報は、共同通信の記事を1面トップに据え、松川と北嶋、石塚、男鹿支局長の三浦ちひろ（35）の取材成果をまとめた記事を社会面トップに据えた。

これ以降、長く続くことになるイージス・アショアの配備問題に関し、秋田魁新報が初めて自分たちの取材でまとめた記事である。

地上イージス、本県候補／県民、にじむ不安

弾道ミサイル防衛を強化するため、政府が地上配備型の迎撃システム「イージス・アショア」を県内に配備する可能性が出てきた。国防の最前線に位置付けられた時、県民にはどんな影響が及ぶのか。安全保障を巡る大きなテーマが突如浮上した。

タイに出張中の佐竹敬久知事（69）は秋田魁新報社の取材に対し、「（配備先の検討が）どこまで具体化しているか不明だが、本県へ配備するとなれば事前に政府から県に話があると思われる。県としては正式な話を受けた上で対応する」と文書でコメントした。

自衛隊活動を支援・協力する県防衛協会の中泉松之助会長（70）は「しっかりとした迎撃システムが日本に必要だと考えていた。北朝鮮のミサイルは過去に、本県上空も通過した。そうした経緯を踏まえて政府が候補地として選んだとすれば、本県に配備されるのはやむを得ないのではないか」と理解を示した。

懸念の声もある。

戦時中、秋田市土崎港にあった旧日本石油秋田製油所は米軍の標的となり、多くの住民が空襲の巻き添えとなって命を落とした。

土崎空襲を語り継ぐ活動を続ける「土崎港被爆市民会議」の伊藤紀久夫事務局長（77）は「防衛上の重要施設があれば、他国から狙われるリスクが高まる。同じ歴史を繰り返すことにならないか

不安だ」と話す。

米国のトランプ大統領は、今月訪日した際、「安倍首相は大量の（米国製）軍事装備を購入するようになるだろう。そうすればミサイルを上空で撃ち落とせるようになる。米国で雇用が生まれ、日本はより安全になるだろう」と述べた。

米軍機の県内上空での低空飛行を長年調査している県平和委員会の風間幸蔵事務局長（84）は、「実際にミサイルが飛んできた時に迎撃能力がどれだけあるのか疑問だ。使い物にならない高額な兵器を米国から押し付けられることにならないか」と指摘する。

配備先が県内のどこになるのかも、大きな焦点だ。

今年３月に政府が全国初のミサイル避難訓練を行った男鹿市には、レーダーが配備された航空自衛隊加茂分屯基地がある。同市北浦の男性（75）は「分屯基地に配備されたら攻撃対象になりかねない。本音を言えば配備に反対。ただ、どこかに配備しなければいけないのであればやむを得ない気もする」と語る。

同市戸賀の男性（68）は「どこに配備しようが、ミサイルを迎撃できるとは思えない。政府は国民の危機感をあおるようなパフォーマンスはやめるべきだ。米国のいいなりではないかと感じる」と批判する。

２００９年には、長距離弾道ミサイルの落下に備え、地対空誘導弾パトリオット（ＰＡＣ３）が秋田市新屋町の陸上自衛隊新屋演習場に一時的に配備された。

演習場に近い松美ガ丘北町内会会長の長谷部一さん（70）は「仮に新屋にとなれば、賛否両論、

――地域からはさまざまな意見が出るだろう。配備が及ぼす影響や危険性は未知数で、住民みんなで議論を重ねないといけない」と話した。（２０１７年11月12日付社会面）

やむを得ない／狙われる／どこに配備

地上イージス 本県候補

県民 にじむ不安

弾道ミサイル防衛を強化するため、政府が地上配備型の迎撃システム「イージス・アショア」を県内に配備する可能性が出てきた。国防の最前線に位置付けられた時、県民にはどんな影響が及ぶのか。安全保障を巡る大きなテーマが突如浮上した。

タイに出張中の佐竹敬久知事(69)は秋田魁新報社の取材に対し、「（配備先の検討が）どこまで具体化しているか不明だが、本県へ配備するとなれば事前に政府から県に話があると思われる。県としては正式な話を受けた上で対応する」と文書でコメントした。

自衛隊活動を支援・協力する県防衛協会の中泉松之助会長(70)は「しっかりとした迎撃システムが日本に必要だと考えていた。北朝鮮のミサイルは過去に、本県上空も通過した。そうした経緯を踏まえて政府が候補地として選んだとすれば、本県に配備されるのはやむを得ないのではないか」と理解を示した。

懸念の声もある。

戦時中、秋田市土崎港にあった旧日本石油秋田製油所は米軍の標的となり、多くの住民が空襲の巻き添えとなって命を落とした。

土崎空襲を語り継ぐ活動を続ける「土崎港被爆市民会議」の伊藤紀久夫事務局長(77)は「防衛上の重要施設があれば、他国から狙われるリスクが高まる。同じ歴史を繰り返すことにならないか不安だ」と話す。

米国のトランプ大統領は、今月訪日した際、「安倍首相は大量の（米国製）軍事装備を購入するようになるだろう。そうすればミサイルを上空で撃ち落とせるようになる。米国で雇用が生まれ、日本はより安全になるだろう」と述べた。

米軍機の県内上空での低空飛行を長年調査している県平和委員会の風間幸蔵事務局長(84)は、「実際にミサイルが飛んできた時に迎撃能力がどれだけあるのか疑問だ。使い物にならない高額な兵器を米国から押し付けられることにならないか」と指摘する。

配備先が県内のどこになるのかも、大きな焦点だ。

今年3月に政府が全国初のミサイル避難訓練を行った男鹿市には、レーダーが配備された航空自衛隊加茂分屯基地がある。同市北浦の男性(75)は「分屯基地に配備されたら攻撃対象になりかねない。本音を言えば配備に反対。ただ、どこかに配備しなければいけないのであればやむを得ない気もする」と語る。

同市戸賀の男性(68)は「どこに配備しようが、ミサイルを迎撃できるとは思えない。政府は国民の危機感をあおるようなパフォーマンスはやめるべきだ。米国のいいなりではないかと感じる」と批判する。

２００９年には、長距離弾道ミサイルの落下に備え、地対空誘導弾パトリオット（ＰＡＣ３）が秋田市新屋町の陸上自衛隊新屋演習場に一時的に配備された。

演習場に近い松美ガ丘北町内会会長の長谷部一さん(70)は「仮に新屋にとなれば、賛否両論、地域からはさまざまな意見が出るだろう。配備が及ぼす影響や危険性は未知数で、住民みんなで議論を重ねないといけない」と話した。

２００９年に一時的に陸自新屋演習場に設置されたＰＡＣ３の発射機。上は秋田市中心部

イージス・アショア配備計画に関する初めての自社記事＝2017年11月12日付社会面

■やれることは何でも

このころ、報道センターはいくつかの懸案事項を抱えていた。

まず、県南部の大仙市に本所を置く「ＪＡ秋田おばこ」と取引先との間に生じていた巨額の未収金問題。この２週間ほど後に特ダネとして報じることになる取材には、地元の大曲支局や政治経済部の農業担当らがかかりきりとなっていた。

次に、前の年から県内各地で市街地にまで姿を見せるようになっていたツキノワグマの大量出没問題。編集委員の松川を中心に社会地域報道部が長期連載を始めるべく、これも最終準備が進んでいた。

さらに、全社的に取り組むことが決まった健康寿命向上キャンペーン。そして、１００ページを超える分厚い新聞を毎年製作している元日付紙面の準備。

政治経済部長と報道センター長を兼務し、各部をとりまとめる立場にある泉は「重なる時は重なるものだ」と腹をくくった。だが、どのように報道を展開していったらいいのか。考えるにつけ、不安が膨らんでいった。

イージス・アショアの配備は、自分たちの暮らす街がミサイル防衛の最前線に位置づけられることを意味する。地元では今後、賛否さまざまな声が渦巻くだろう。そうした声が配備計画の行く末を左右していくことになるかもしれない。

北朝鮮の弾道ミサイルへの対処が目的といっても、配備するのは米国の軍需産業が開発した兵器。当然、中国やロシアにとっても目障りな存在に映るだろう。そうなればさまざまな国の思惑が絡む国際関係とも無縁ではいられなくなる。これまで、安全保障や軍事、国際問題を直接取材する機会に乏しかった自分たちに、そうしたテーマを十分に報道していくことができるだろうか。

何より悩ましいのは、地元紙である自分たちからは遠い存在である政府・防衛省が計画の当事者であることだ。秋田への配備計画を読売新聞の報道で知ることになったように、今後も全国メディアが新たなニュースを次々と報じ、自分たちはその後追い報道ばかりといったことにもなりかねない。

未知といっていい安全保障問題に、どう取り組んでいくか。泉が掲げた方針は、「やれることは何でもやってみる」だった。

イージス・アショアなる最新の防衛装備がどのようなものかもわからず、ましてや配備に対する賛否もにわかには判断しかねる自分たちだ。だが、歴史的な局面に秋田が、そして地元紙である秋田魁新報が直面していることは間違いない。であるならば、現場を抱える地元紙として、とにかく手探りで前に進むしかない。

政治経済部の部会を招集し、泉は部員らにそうした考えを伝えた。それぞれの顔に、戸惑いの色は明らかだった。

11月16日、共同通信の新たな配信記事が届いた。イージス・アショアを配備する候補地について、政府が秋田市の陸上自衛隊新屋演習場と山口県の陸自むつみ演習場に絞り込んだことが政府関係者への取材でわかった、とするものだった。石塚が防衛省に電話し、取材を試みたが、報道室担当者は否定も肯定もせず、「まだ何も決まっていない」と話すだけだった。

政治経済部と社会地域報道部が手分けし、さまざまな立場の県民の声を拾った。新屋地区のある自治会長は、「政府は秋田に配備する理由や迎撃システムの安全性、性能について市民にきちんと説明すべき。情報がないと議論できない」と答えた。ある住民女性は「配備を決める前に、まずは北朝鮮にミサイルを撃たせないよう外交で努力すべきだ。秋田である必要があるのか」と話した。市内の別の地域の自治会長は「わからないことばかり。攻撃対象として狙われるのではないかという心配もある」と語った。住民それぞれが口にする戸惑いは、取材陣の思いにもそのまま、重なるものだった。知事佐竹は「(新屋演習場は)国有地であり、県としてどうこう言えることではないが、説明会を開くなどして地元の理解度を深めながら進めてもらわないと困る」とコメントした。共同通信の配信原稿に、これらの談話を盛り込んだ記事が、翌日の1面トップに載った。

好むと好まざるとにかかわらず、自分たちの手が届かないところで事態が動いていく。そんな感覚を、記者たちは感じていた。

■教えを請う

「何でもやってみよう」という気構えの実践としてまず着手したのは、イージス・アショアに詳しい識者への取材だった。政治経済部の石塚と佐藤朋紀（30）が、過去記事のデータベースやインターネットを頼りに取材先を探した。

「なぜ秋田が候補地に選ばれたのか」「イージス・アショアはそもそも必要なのか」「危険性はないのか」……。元自衛隊幹部、大学の研究者、北朝鮮問題に詳しいジャーナリストの3人にぶつけた問いは、自分たちが知りたい疑問そのものだった。

研究者とジャーナリストへの取材を受け持った佐藤は、「ちゃんとした取材が自分にできるんだろうか」という不安を抱えながら取材した。一から十まで知らないことばかりの取材は、学生が教師に教えを請うようなものだった。そんな取材に対し、3氏はいずれも、秋田市が候補地であることに客観的な必然性は薄いとの見解を口にした。「やはり、何か政治的な思惑があって決まった話なのだろうか……」。佐藤は、疑問が湧いてくるのを感じながらメモを取った。

2人の取材は、11月29日掲載の「地上イージス、識者に聞く／『本県配備、合理性ない』」という記事にまとまった。

11月27日には、秋田市への配備計画が表面化して初めてとなる知事の定例会見があった。各社の記者からは「政府から知事に連絡はあったのか」「配備計画に対する知事の考えは」「受け入れに前向きなのか」と質問が続いた。その様子は、配備問題が県政の主要課題に突如浮上した状況を象徴するものだった。

知事は「県や秋田市に対して、この話は一切ございません」「今後の状況を注視してまいりたい」「なぜ秋田なのか。（秋田に配備する）必然性がどうなのかということはまったくわかりません」と答えた。

同じ日、秋田市長・穂積志の定例会見もあり、市長は「なぜ秋田なのか、きちんと丁寧に説明してほしい」と述べた。翌28日の紙面には、両氏の発言を引用した会見の詳報が掲載された。

■初めての「解説」

12月12日、政府がイージス・アショアの導入を閣議決定する方針を固めたと報じる共同通信の記事が紙面に載った。その記事を読みながら、泉は焦燥感を募らせていた。

まがりなりにも取材は走りだし、何本かの記事を掲載することもできた。だが、ことの重大さを前にしたとき、気になることがあった。

18日、泉は政治経済部のほか、社会地域報道部や文化部、東京支社の記者らに一斉メールを送っ

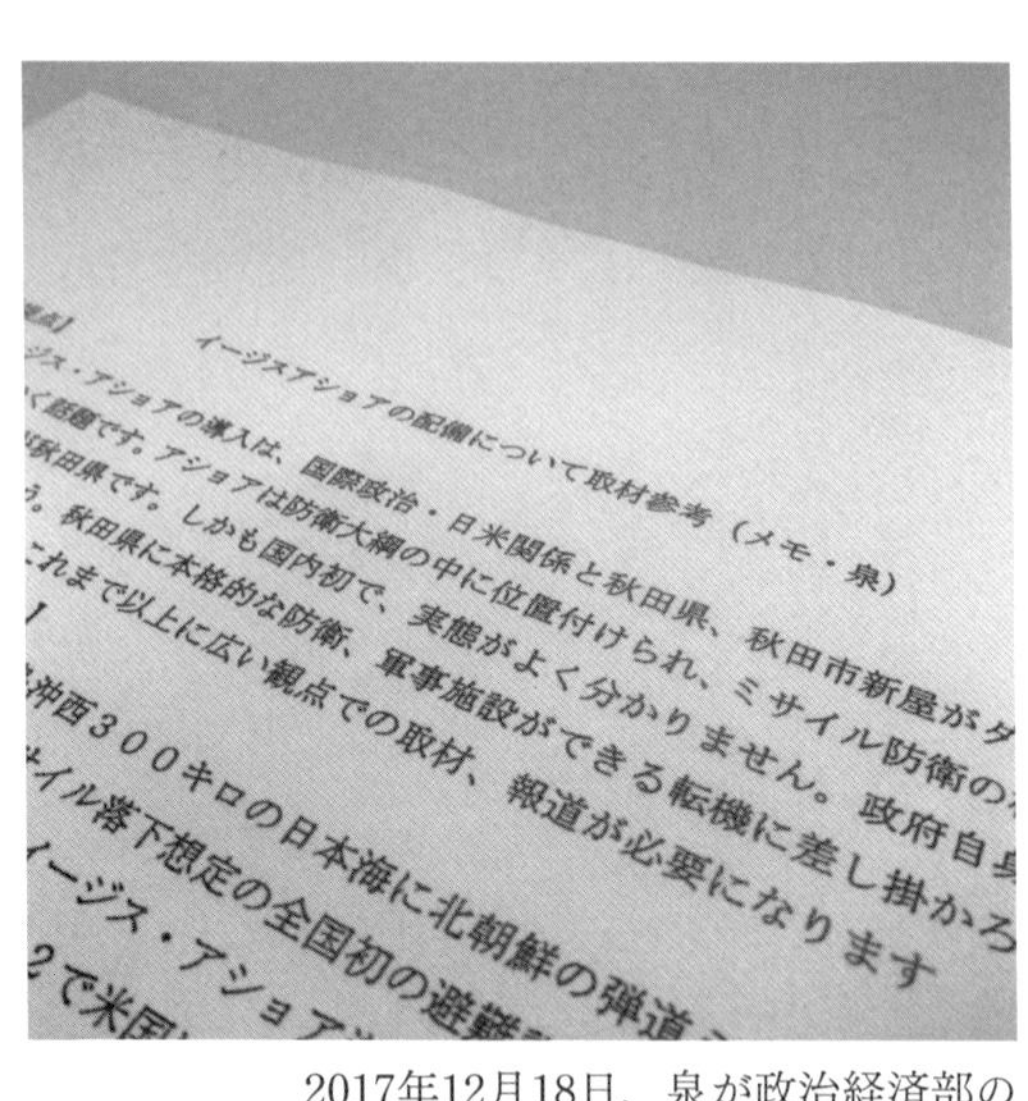

2017年12月18日、泉が政治経済部の部会で配ったメモ

た。「イージス・アショアの配備について取材参考」。この1カ月間、自分なりに考えてきた取材上の視点を列挙したメールで、泉はこうメッセージをつづった。

「秋田県に本格的な防衛、軍事施設ができる転機に差し掛かろうとしているという視点で、これまで以上に広い観点での取材（国外含む）、報道が必要になります。まずは関心を高めましょう」

当面は政治経済部が取材を担うにしても、いずれは各部が総掛かりで取材に取り組まなければならない状況がくる。重大なテーマではあっても、新聞社では所属する部署や担当による温度差が記者の間に生じることが少なくない。そうした思いからきた、配備計画に対する関心を広く持ってほしいという呼び掛けだった。

政府は19日にイージス・アショア導入を閣議決定した。防衛政策の大方針を定める「防衛計画の大綱」にも「中期防衛力整備計画」（いずれも2013年決定）にも記載していない防衛装備の導入であるため、閣議決定という措置がとられたものだった。政府が計画を大きく前に進めた一方、配備先については依然、公式には明らかにされないままだった。

政府はさらに、2018年度予算案を22日に閣議決定。そこでは、イージス・アショア関連の予算として7億2900万円が盛り込まれた。内訳は、基本設計3億5700万円、地質測量調査2億9800万円、ミサイル迎撃体制に関する調査研究6700万円など。ここでも配備先は明らかにされなかった。

翌日の紙面には、イージス・アショア問題に関連する初めての「解説」が掲載された。政治経済部の石塚が執筆を担った。

紙面では時折、大きなニュースに合わせて解説記事を掲載する。ニュースの持つ意味合いや問題点、今後の課題などについて、記者の視点を交えてまとめるものだ。

このタイミングで解説を載せることは、デスクの小川と部長の泉の話し合いで決まった。11月に配備計画が表面化して以降、いまだ正式に候補地が示されないまま、政府はイージス・アショア導入を閣議決定し、翌年度の予算案に関連経費を盛り込んだ。地元を置き去りにしたまま進もうとしている計画に対し、地元紙としてひとつのくさびを打ち込むタイミングに来ているのではないか。そうした視点から、政治班キャップの相沢一浩（38）、石塚と共に論点を詰めた。

解説　配備情報、議論の土台

県民の賛否が割れているイージス・アショア導入について、政府は配備先を公式に示しておらず、2018年度予算案に地質測量費を盛り込みながら調査地も明らかにしなかった。

配備場所の情報は、秋田市の陸上自衛隊新屋演習場が候補に挙がる本県にとっての関心事であるだけでなく、国会や地方議会で是非を議論する土台にもなる。政府には速やかに情報公開する姿勢が求められる。

22日の県議会では、イージス・アショア導入方針撤回を求める意見書案が否決された。だが、現時点では候補地を含め情報が不足しており、そもそも導入する必要性や本県である必然性を判断できない県民が多いのが実情だ。

防衛は国の所管事項とはいえ、国民主権の原則からすれば、十分な情報に基づき国民が議論を重ねて理解を深めることが不可欠だ。佐竹敬久知事や本県関係国会議員は、不安を抱える県民がいる事実を受け止め、政府に説明を求めるべき立場にある。

候補地に関し、公式発表より報道が先行する現状は、決定した方針を政府があえて伏せているようにも受け取れる。小野寺五典防衛相は「地元の理解と協力が必要」との認識を示すが、情報が明らかにされないままなし崩し的に配備先が決まると疑われかねない。(2017年12月23日付3面)

■地方議員の声

12月26日からは、「地方議員の声」という連載が始まった。

デスクを務める小川には、配備問題について県民が考えるきっかけになる素材をまずは提供しようという思いがあった。

配備計画が表面化して１カ月。しかし、県民も自分たちも、その意味合いを十分に理解できてはいないのが現状だ。そうした中で「賛成」にしろ「反対」にしろ、特定の意見に偏った紙面展開をしてしまえば、報道姿勢自体が偏った目で見られることになりかねない。秋田市の、あるいは新屋地区だけの問題ととらえられないためにも、幅広い声や意見を紹介し、県民の多くがわがこととして考えるきっかけになるような紙面を作らなければならない――。そうした思いの一つの表れとして用意した記事が、県議会議員と秋田市議会議員に広く意見を聞く、「地方議員の声」だった。

社会地域報道部の長田雅巳（40）ら秋田市担当も取材に加わり、さまざまな会派の議員計12人にインタビューした。年明け１月11日まで12回の連載には、このような見出しが並んだ。

「市民の安心につながる」（秋田市議会・秋水会鎌田修悦）
「県は配備を断るべき」（県議会・共産党加賀屋千鶴子）
「秋田配備、丁寧な説明を」（県議会・公明党田口聡）
「地方の意思示す段階」（県議会・つなぐ会沼谷純）
「自ら国守るため必要」（県議会・自民党北林康司）
「軍備拡大は緊迫化招く」（県議会・社民党石川ひとみ）

「住民と対話の機会を」（秋田市議会・そうせい武内伸文）
「国防のため配備必要」（秋田市議会・そうせい宇佐見康人）
「専守防衛の枠超える」（秋田市議会・社会・市民連合藤枝隆博）
「配備、戦争につながる」（秋田市議会・フロンティア秋田倉田芳浩）
「議論に判断材料不足」（県議会・みらい三浦茂人）
「新屋への配備には疑問」（秋田市議会・市民クラブ見上万里子）

小川が狙った通り、それぞれの議員がそれぞれの立場から述べる意見は、賛否もさまざま、バラエティーに富む内容になった。

■山口へ

同じく配備候補地に挙がっている山口県のむつみ演習場は、どんな場所なのか。素朴な疑問から政治経済部が次に発案したのは、むつみ演習場周辺の現地ルポだった。

石塚は1月中旬、演習場のある山口県萩市を訪ねた。2日間の滞在中、地元住民を回って歩き、配備計画に対する地元の空気を探った。そこでわかったのは、秋田市と萩市では、さまざまな意

生活圏 近さ際立つ新屋

萩は山林、ハワイ民家なし

地上イージス 秋田と山口 上

第196通常国会が22日召集され、地上配備型迎撃システム「イージス・アショア」（地上イージス）の導入の是非が議論される。配備候補地には秋田市のほか、山口県萩市が挙がっている。秋田市の候補地は市街地に近接しているのに対し、萩市の候補地や米ハワイにある米軍の地上イージス実験施設は民家から離れた立地にある。秋田、萩両市民の受け止めにも温度差がうかがえる。

幕末の思想家吉田松陰の私塾「松下村塾」がある萩市の中心部から車で40分。山道を進んだ先に陸上自衛隊むつみ演習場はある。住民の生活圏から離れたこの場所が、地上イージスの配備候補地だ。演習場の名称は、2005年の市町村合併前の旧むつみ村に由来する。

1月中旬の真冬でも山口県内の市街地に雪はないが、演習場周辺には湿った雪が積もっている。車両のわだちが残る入り口付近の看板には「許可なく立入禁止」の赤い文字。木々が生い茂り、道路から敷地内は見通せない。

約1キロ離れた集落に住む農家の男性(60)は、政府の説明がないためよく分からないとしながら「この辺は人口も少ない。（配備は）仕方がないんじゃないか」と話す。配備自体、あまり気に留めていない様子だった。

男性によると、集落の人口は減り続けているという。田畑の合間に点在する家々を指さしながら「そこも、あそこ

地上イージスの配備候補地に挙がる、市街地に近い秋田市の新屋演習場周辺㊤と、山に囲まれた山口県萩市のむつみ演習場周辺

連載「秋田と山口」の初回＝2018年1月23日付1面

味で環境が大きく異なるということだった。

まず、周辺環境。むつみ演習場は萩市の中心部から車で40分ほどの山間部にあり、周囲を山林や田畑が取り囲む。市街地が演習場近くに迫る新屋とはまるで違う風景だった。

地元の平和団体代表が「山口はガチガチの保守王国。真っ向から反対の声を上げる運

動は難しい」と評する地域性にも、独特なものがあるようだった。住民が県や市に寄せる問い合わせも、秋田に比べると少なかった。

取材成果を3回続きの連載にまとめ、1月23日付から掲載した。記事には、新屋演習場とむつみ演習場それぞれの周辺を切り取ったグーグルアースの衛星写真をつけた。

住民によると、地上イージスの配備に関して抱える不安は大きく二つある。レーダーが発するとされる電磁波の影響と、ミサイル防衛の拠点が置かれることで攻撃対象になり得るリスクだ。

山あいのむつみ演習場は最寄りの集落から離れている。ハワイの米軍実験施設も見渡す限り民家はない。加えて、レーダーや司令塔からミサイル発射台は直線で6キロ近く離れた配置となっている。ルーマニアの配備地も民家から離れた場所にあるという。

これに対し、秋田市の配備候補地である陸自新屋演習場は市街地に隣接する。日本海沿いとはいえ、南は道路を隔ててすぐに秋田商業高校や勝平小中学校、住宅地があり、東は秋田運河を挟んで工業団地、北は県立総合プールやこまちスタジアムがある。他の配備地や実験施設と比べると、秋田市の配備候補地は生活圏の近さが際立つ。

先の萩市の女性は「この田舎でさえ配備には不安がある。学校や家の近くだったら反対するでしょう」と話した。

（2018年1月23日付1面）

このような記述が続くルポを、経営企画室の山影寿士（46）は、食い入るように読んだ。「市

街地にこんなに近いのは、秋田だけなのか……」

　この2カ月後、山影は政治経済部長に異動し、取材の陣頭指揮をとることになる。だが、この時点では、紙面を通じて配備計画を知る読者の一人だった。

■まじかっ

　1月24日、第196通常国会の衆院代表質問が始まった。東京支社に勤務して1年目の大原進太郎（33）は、これまでにない仕事を担うことになった。

　東京支社と政治経済部が連携し、イージス・アショアやミサイル防衛に関する国会での論戦をすべて報道しようという試みだ。「代表質問から各委員会に至るまで、関連の質疑をすべてフォローしてほしい」。政治経済部デスクの小川から電話で告げられたとき、「まじかっ」と声を上げそうになったのは、数日前のことだった。

　秋田魁新報社の東京支社は、支社長以下8人体制で、うち、取材を担当するのは編集部長と記者の計2人。国会取材も主要な仕事の一つではあるものの、これまでは秋田選出の議員が登場する質疑などに限定されていた。

　イージス・アショアに関連するあらゆる質疑をフォローするとなれば、会期中はほぼ毎日、国

国民に十分な説明必要

論戦 イージス・防衛

衆院代表質問

衆院の代表質問が24日始まり、3氏が地上配備型迎撃システム「イージス・アショア」や北朝鮮への対応を安倍晋三首相にただした。

高額な装備は適正か 枝野氏

枝野幸男氏（立憲民主党代表）　政府は専守防衛との関係について十分説明しないまま、巡航ミサイルやイージス・アショア、ステルス戦闘機や新型迎撃ミサイルなど米国の対外有償軍事援助（FMS）で高価な装備の導入を次々決めている。FMSでは、示されている価格や納入期限も見積もりにすぎず、米国政府は、これに拘束されないなど米国に有利な内容になっていると伝えられている。本当にこれら高額な装備が専守防衛に反しないのか、価格が適正であるのか、費用対効果の観点で適切なのか、十分な説明が不可欠だ。

小野寺五典防衛相　日本を取り巻く安全保障環境が厳しさを増す中、防衛については質、および量を必要かつ十分に確保することが不可欠だ。高い性能を有する最新鋭の装備を導入することは、専守防衛は当然の大前提としながら、日本の防衛力を強化していくために重要だ。高性能の装備品の取得に当たっては日本の防衛に必要な能力を有するものであることを確認し、FMS調達の場合であっても米国と価格交渉を行うなど費用対効果を高める努力を行っている。私自身、マティス米国防長官に直接、FMS調達の改善に向けた申し入れを行うほか、防衛装備庁長官を先週米国に派遣するなど、さまざまなレベルで働き掛けを行っている。

対外有償軍事援助（FMS）

米国が武器輸出管理法に基づき、安全保障政策の一環として同盟国や友好国に武器や装備品、技術などを有償で提供する契約。日本は日米相互防衛援助協定に従って実施している。米国が示した納期や見積価格を基に代金を払い、納品後に精算する。価格や納期は、米国の提示する条件を受け入れなければならない。FMSはフォーリン・ミリタリー・セールスの略。

北朝鮮の暴挙許

二階俊博氏（自民党幹事長）　北朝鮮は昨年、度重なる弾道ミサイル発射と通算6回目の核実験を行い、残念ながらその能力は急速に向上している。深刻かつ重大な事態で、世界を…陥れる暴挙は許すことはない。政府は国民に…報提供を行い、ただち…安全保障会議を開催…の体制で危機に対応…る。安倍総理が米国…韓国、ロシアなどの…積極的に働き掛け、…を指導する姿は多く…安心感を与えている。

今後、北朝鮮にど…ていくのか、外交、…政策の在り方と拉致…決、合わせて日中韓…の開催見通しなどに…理に聞く。

周辺国の緊張高

玉木雄一郎氏（希望の党代表）　概算要求になかった巡航ミサイル経費が、年末の予算編成の大詰めの段階で突如として計上された。巡航ミサイルを保有することは、従来の「専守防衛」を逸脱し、周辺国に対していたずらに緊張感をエスカレートさせる恐れもある。イージス・アショアも地対地ミサイルを搭載すれば、敵基地攻撃能力を持つことにつながる。

安倍総理は施政方針演説で、専守防衛を大前提としながら、「従来の延長線上ではない」防衛力のあり方を見定めると述べている。従来の延長線上ではないということは、敵基地攻撃能力を持つことを意味するのか。

安倍首相　今後の防衛のあるべき姿といわゆる敵基地攻撃能力についてお尋ねがあった。はっきり申し上げるのは、脅威をつくり出しているのは北朝鮮の側である。その脅威に対し、国民の命を守るために、しっかりと備えをしていくことは、私たちの大きな責任。

スタンド・オフ・ミサイル（長距離巡航ミサイル）は、防衛に当たる自衛隊機が相手の脅威の圏外から対処できるようにすることで、…

イージス・アショアに関する国会での論戦を網羅する紙面がスタートした2018年1月25日付2面

会に通い詰めることになる。歴代の東京支社が経験してこなかった仕事だ。当然、その他の取材にしわ寄せもいくだろう。編集部長の中田貴彦（52）と二人、顔を見合わせて先を案じた。

24日朝、大原は首相官邸向かいの国会記者会館で、代表質問の様子を流す専用回線の映像に見入った。秋田では、同期入社の石塚や政治班キャップの相沢が国会のインターネット中継を使って同じように質疑を見ている。どの議員の質疑を担当するか分担を決め、イージス・アショアに関する質疑を細大漏らさず文字に起こすことになっていた。

この日は立憲民主党代表の枝野幸男、自民党幹事長の二階俊博、希望の党代表の玉木雄一郎がそれぞれ、イージス・アショアや防衛問題に関する質問をし、首相安倍晋三らが答弁に立った。その模様を詳報した記事は翌日、「論戦　イージス・防衛」のタイトルで大きなスペースを割いて掲載された。

大原は国会の会期中、ほぼ毎日、同じ仕事を繰り返した。代表質問だけではなく、衆参の予算委員会、衆院の安全保障委員会と外務委員会、参院の外交防衛委員会も対象だった。テレビ映像を見つめ、「イージス」などの言葉が出れば、それに関連したやりとりを文字に起こす。レコーダーをテレビの前に置き、後からそれをスロー再生して内容を確認するため、手間と時間がかかる。イージス・アショアに関する国会論戦をすべて掲載することを売りにしたコーナーだけに、関連の質疑を見落とすわけにはいかない。集中力を要求される仕事だった。以前なら大原が担当していた取材を編集部長の中田が肩代わりすることで、東京支社としての日々の仕事をなんとか回していった。

「こんな仕事をいつまで続けるのか」。時折、大原はそう感じた。北朝鮮の弾道ミサイルの脅威は確かにあり、国として何らかの対応を迫られているのはまちがいないだろう。だが、それがイージス・アショアである必要があるのか、まして、新屋演習場が配備先である必要があるのか。そこがよくわからない。配備計画が順調に進んだとしても、運用が始まるまでには少なくとも5年はかかると言われてもいる。それまで、いや、それ以降も、うちの社はこういう取材を続けていくことになるのだろうか……。

東京にいて、地元の状況が肌感覚ではわからないジレンマも抱えつつ、大原は国会に通い続けた。

紙面では、「国会議員の視点」という連載も1月29日付から始まった。年末から年始にかけて掲載した「地方議員の声」の国会版だった。自民党衆院議員で元防衛大臣の中谷元、共産党参院議員の紙智子、公明党衆院議員で党幹事長の井上義久……。大原らがインタビューした内容を、連日記事にしていった。「やれることは何でもやる」を国会でも実践していく日々だった。

■途切れさせない

政治経済部内では、安全保障・防衛担当を命じられた石塚が取材を担った。

入社10年目。警察担当や県南部の湯沢支局勤務を経験し、2016年4月に政治経済部へ異動。もちろん、安全保障問題を取材したことなどない。

手探りで始まったイージス・アショアの取材がようやく3カ月たとうという中、石塚を支えていたのは、どんな形であれ、報道を途切れさせないという思いだった。

政府が公式には配備候補地を明らかにしない中、配備に関する具体的な動きは、年末の閣議決定以降、止まった状態にある。自分たちが取材の手足をストップさせれば、たちまち報道は途絶えてしまう。それだけはごめんだという意地のような気持ちだった。

2月11日付に掲載した「秋田と山口『合理性ない』」という記事も、そうした思いから生まれたものだった。自分を含む地元住民の視点からすれば、「なぜ秋田が配備候補地に選ばれたのか」「秋田は本当に配備候補地としてふさわしいのか」という根本的な疑問がある。その疑問に対し、読者が考えを深めることのできる記事を書くとすれば、現状で思いつくのは識者に見解を尋ねることしかない。

2月初めに新屋で開かれた市民による勉強会の席で、講師を務めた元陸自レンジャー隊員は、「軍事戦略上、秋田への配備は疑問だ」と語っていた。11月に識者3人の見解を記事にまとめた際も、いずれもが秋田への配備に客観的合理性はないという見解を述べていた。もう一度彼らに取材すれば、さらに見解を深めた記事が書けるのではないか。

電話取材すると、2人の識者が、秋田、山口よりもふさわしい配備先として、新潟県の佐渡島と鹿児島県の下甑島にそれぞれある空自の分屯基地を挙げた。新潟や鹿児島に押しつけようという考えなど石塚にはさらさらないが、少なくとも、一定の知見を持った識者の間では、政府の構想とは違う「適地」が考え得るのだということを伝える意味はあるように思えた。

報道を絶やさないという思いは、政治班デスクの小川やキャップの相沢も同じだった。

国会での論戦を詳報してきた記事は、期せずして現時点でのデータベースのような存在になっている。その中で見えてきたことを整理するだけでも、連載記事が成立するのではないか。そうした狙いから、「点検／イージス発言」という連載を発案した。

2月15日夜、新屋演習場のあるマツ林が見下ろせる報道センター窓際の長机で、相沢と石塚、佐藤の3人はどういった切り口が成り立つかを検討した。「場所も決めずに予算措置するなんてことがあるのか」「防衛省ＯＢに聞けば、予算内示の流れがわかるんじゃないか」……。日付が変わっても話し合いは続いた。

前日には2月県議会が始まり、疲労が蓄積する3人だった。帰りのエレベーターで、「なんか疲れてきたね」という言葉が相沢の口を突いた。

連載は、「候補地」「導入方針」「妥当性」「地元説明」「安全確保」「近隣諸国の反応」という6回分の柱建てで2月20日から掲載された。

■レーダーの現場へ

年度末が迫り、2018年度政府予算が成立する時期が近づいてきた。政府が配備候補地を依然として明らかにしないまま、関連予算が成立する。そのタイミングに合わせて連載記事を構えられないか、泉と小川は構想を巡らせた。相沢や石塚らも交えて知恵を絞った中で出てきたのは、弾道ミサイルを探知するために米軍のレーダーが置かれている国内2カ所の取材だった。

米軍は、米本土を狙う弾道ミサイルを探知するための早期警戒レーダー「Xバンドレーダー」を青森県つがる市と京都府京丹後市に配備している。弾道ミサイル防衛のためのレーダーという点でイージス・アショア配備計画と共通するこれらの土地での取材を通じ、何かが見えてくるのではないか。相沢と石塚が両市に足を運び、取材した。

青森・車力の取材を担当した相沢は、つがる市の担当課長が「ほかに候補地などなく、元々決め打ちだったんだろう」と語るのを聞き、「秋田も同じように決め打ちなんだろうか」と思った。

相沢は青森の地元紙「東奥日報」も訪ねた。泉の紹介で、米軍三沢基地などの取材を長年続けてきた斉藤光政に会うのが目的だった。

斉藤は『米軍「秘密」基地ミサワ―核と情報戦の真実』『在日米軍最前線 軍事列島日本』などの著作があり、安全保障問題に対する知見では国内の記者でも指折りの存在だ。政府が地方に防衛施設を置く場合、どのような経過をたどっていくのが一般的か。そう尋ねると、斉藤は言った。

まず、報道を通じて観測気球を揚げる。次に、住民の反応などを見ながら、候補地になったことを自治体に連絡する。そして、形式的な調査を行い、『適地』という判断を明らかにした後、安全対策などを示した上で地元首長から受け入れの言質を引き出す――。

「イージス・アショアの配備もそうなりますか」。相沢が問うと、斉藤は言った。「いつものパターンで来るでしょうね」

6回続きの連載は、ラストをこう締めくくった。

配備が進められる地元の首長や国会議員が政府にただすべきことは山ほどある。住民の声に耳を傾け、配備の妥当性を厳しくチェックする姿勢が求められる。（2018年4月4日付3面）

■急展開

東北防衛局から電話があったと定例会見で述べる佐竹＝2018年５月14日、秋田県庁

5月14日午後1時。定例会見の冒頭、知事佐竹は、地元のプロバスケチーム「秋田ノーザンハピネッツ」が前日の勝利で1部リーグへの復帰を決めたことに触れ、「うれしく思っております」と述べた。穏やかな雰囲気の会見場はしかし、続く言葉で空気が一変した。

「もう一つ、急転直下、先ほどお昼ごろにイージス・アショアの関係で状況に動きがありました」

この日午前11時前後に東北防衛局から県

に電話があり、「イージス・アショアに関する説明のため、県と秋田市を訪問したいので、日程調整に入りたい」と告げられた——。知事の説明に、記者たちは色めき立った。

相沢は真っ先に手を挙げ、質問を重ねた。「防衛局の誰から誰にどういう連絡があったのか」「日程調整というのは、5月なのか」「電話の内容は、秋田に配備したいということなのか」。矢継ぎ早の質問に、知事は淡々と答えていった。

翌日の紙面は、「会見詳報」として質疑の要旨を次のように伝えた。

——防衛省側からの電話連絡ではイージス・アショアを秋田に配備するという話は出たか。
知事　配備とか詳しい話ではなく、イージス・アショアに関し、詳しい説明に来たいという内容だった。まず、調査の話を入り口として来るのではないか。
——防衛省からの連絡をどう受け止めるか。
知事　（連絡もなく）中ぶらりんの状態だと県民も不安だ。そろそろだと思っていた。6月県議会前に面会したい。軍事機密は話せないとしても、調査内容などについては、どういうふうに防衛省側が情報を出してくるのか。それによって疑問や質問も出てくる。この種のものはオープンでやるべきだ。マスコミ同席の上で、取材を全面的にしてもらいながら、防衛省側の話を聞きたい。
——防衛省側にどんなことを聞きたいか。
知事　調査内容を聞く。（北朝鮮情勢の変化により）そもそもイージス・アショアが必要かどうかは流動的だ。新屋は重火器の使えない狭い小規模な演習場であり、大きなシステム（イージス・

アショア）を置くことは住民の不安になっている。それでも配備したいというのであれば、必要性について合理的に説明してもらいたい。

――政務三役が来ると言われたのか。

知事　（イージス・アショア配備は）政治案件。今回は知事、市長にある意味でお願いに来るということだ。最初の要請は事務方ではなく、政務三役でないといけないだろう。

――防衛省側から接触があったのは初めてか。

知事　連絡は今回が初めてだ。

――防衛省が地元の意向に関係なく配備を進めようとしたら断る可能性はあるか。

知事　断るかどうか別として、個人的にあの場所（新屋演習場）は広さの面で果たしてどうかと思う。あの場所でも危険がないという合理的な説明があるかどうかにもよる。

（2018年5月15日付3面）


知事の言葉を聞きながら、相沢は東奥日報斉藤の言葉を思い返していた。

さらに15日、防衛大臣・小野寺五典は記者会見で、「秋田市を候補地と考えているのか」という質問に対し、次のように答えた。

「イージス・アショアの配備候補地については、現時点で決定しておりませんが、現在、配備候補地に関する最終的な検討および調整を行っており、候補地となると考えられる秋田県や山口県などの地方自治体に対して、説明を行い得る日程の確認等のため、このような事務連絡をさせていただいているということであります」

防衛省が、イージス・アショアの配備候補地として「秋田」「山口」の名を初めて公式に言及した瞬間だった。

事態の急展開を受け、石塚は防衛省に取材を申し込んだ。配備計画を担当する戦略企画課長の五味賢至が2日後に応じることになった。

18日、石塚と大原は防衛省を訪ね、会議室で五味と向き合った。東京・市ケ谷の防衛省での取材は、ともに初めてだ。

次のようなやりとりがあった。


――なぜ秋田、山口両県が候補地なのか。

「最も効果的にわが国を守れるのはどこか、速やかに配備できるのかという観点で考えている。配備には最低1平方キロの広さが必要。山などの地形がレーダー監視の障害になってはいけない。周辺住民に影響が出ないかも考えている」

――地理的バランスも考慮したのか。

「ミサイルの性能を踏まえるとイージス・アショアは2基必要。検討している中では、(秋田と山口なら)日本全土を効果的に守れる可能性が高いと考えられる。日本海側の海岸に近ければ地形が障害になる可能性が低くなる」

――どう絞り込んだか。

「自衛隊施設を中心に検討した。土地を無償提供してくれる方がいれば別かもしれないが、自分たち（防衛省）が所有する土地なら速やかに配備できる」

――導入のための調査はいつまでに終えるのか。

「秋田、山口両県と説明のための日程を調整中であり、いつ始めるかということは言えない。（説明の場で）地元から問い合わせがあれば答える」

――1基当たり1千億円という導入費の見通しに変更は。

「レーダーを含めたシステム構成、配備場所によってかなり費用が変動する。米側から情報を得て確定していく」

――運用はどこが担当するのか。人員の規模は。

「確定していないが、専従の要員を置く可能性が高い。組織上の位置付けは明確になっていない。人数は（米国が配備した）ルーマニアの例から考えると総員100～200人。一定数の隊員が家族も含めて住むので、宿舎も当然考えなければいけない」

――市街地に近くても市民生活に影響はないのか。破壊工作の標的になるリスクは。

「レーダーは総務省の電波防護指針に基づき設置するので安心してほしい。厳重な警備をすることで（破壊工作など）目的を果たせない状況をつくれば狙われることはない」

――朝鮮半島情勢の動きを受け導入方針に変化はないか。

「今の段階で北朝鮮は非核化に向けた具体的行動を見せておらず、方針に変わりはない。ミサイルは北朝鮮だけが持っているわけではない。あらゆる事態に対応できるようにしておくことが大事だ」

――佐竹敬久知事が防衛省との面会を公開したい意向を示した。

「意向は踏まえなくてはいけない。地元の理解を得る上で一番いいやり方を相談していく。住民説明についても知事らに相談して段取りを考える」

１００人規模の専従部隊を置くというのは、これまで明らかになっていない話だった。取材内容は「１００人規模、専従部隊想定」の見出しで翌19日付の1面トップ記事となった。

防衛大臣の小野寺は29日の記者会見で、６月１日に防衛政務官を秋田、山口両県に派遣する意向を明らかにした。

秋田市にイージス・アショアを配備する構想が顕在化してから半年余り。配備計画が、ようやく目に見える形で動き始めた。

第2章

反発

2018.6～8

配備方針の表面化から半年がたち、
防衛省が正式に計画を明らかにした。
反発の波が静かに広がっていった。

■初の会談

2018年6月1日午前9時。秋田県庁2階の特別会議室に防衛政務官福田達夫が姿を見せ、知事佐竹敬久や秋田市長穂積志が立ち上がって迎え入れた。互いに握手を交わす様子に報道陣のカメラがフラッシュを浴びせ、配備問題をめぐる防衛省と県側の初めての会談にふさわしい緊張感が、室内に満ちていった。

テーブルを挟み約3メートルの距離に向き合う両者を、約50人の報道陣が見つめる。秋田魁新報は政治経済部と社会地域報道部から7人の記者が入った。昨年11月に配備計画が表面化してから半年余り。ようやく目の前に現れた重要局面だった。

「本日はご多忙のところ、お時間をいただき大変ありがとうございます」。知事や市長への謝意から語り始めた福田の口から、ほどなく驚くべき言葉が発せられる。

「イージス・アショアの配備が検討段階に入ったということで慎重な検討をした結果、秋田市にございます『新屋駐屯地』、こちらを最適候補地として調査を始めさせていただきたいということで……」。配備候補地として防衛省自ら定めた新屋演習場を、「駐屯地」と言いまちがえたのだ。

演習の際にだけ使用する無人の空き地である新屋演習場と、大勢の自衛隊員が常時駐在する駐屯地は、まったくの別物。秋田市内には、陸上自衛隊第21普通科連隊が常駐する「秋田駐屯地」

知事（右）らから質問を受ける防衛政務官の福田（左）
＝2018年6月1日、秋田県庁

もあるが、両者を取り違えることは、通常あり得ない。ましてや発言の主は防衛政務官だ。社会地域報道部の松川敦志は「そんな認識なのか……」と驚き、そして半ばあきれつつ、ノートに「あらやちゅうとんち」と走り書きして二重丸をつけた。福田は会談中、さらに3回、同じ言いまちがいを重ねた。

続いてあいさつに立った知事は、「本県においては県民の自衛隊への理解度が高く、長く協調関係を維持している」と語り始めた。自身も防衛協会の一員だと紹介した上で、「私自身は自衛隊の肯定論者で、県としてさまざまにご協力しているつもりだ」と述べた。

5月21日の定例会見の際には「ぶっつけ本番です」「なれ合いは嫌ですから」と述べ、厳しい姿勢で会談に臨む考えを示していた知事だったが、肝心の会談では、むしろ友好的な空気を自ら醸し出そうとしているように映った。

福田はA4判5枚つづりの資料を基に、新屋演習場を候補地とした理由を次のように4点挙げた。

・「防護範囲の観点」……わが国全域を防護する観点から、

北と西に2基をバランスよく日本海側に設置する必要
・「レーダー遮蔽（しゃへい）の観点」……弾道ミサイルの探知に支障が出るため、なるべく山など遮蔽がない場所に設置する必要
・「地形の観点」……レーダーと発射台を適切に設置するため、広くて平坦な敷地をなるべく確保できる場所に設置する必要
・「インフラの観点」……レーダー等の運用のため、電気・水道等の安定的な供給が見込める場所に設置する必要

（防衛省資料より）

政治経済部の石塚健悟は、拍子抜けする思いでこの説明を聞いた。防衛大臣の小野寺五典が5月15日の記者会見で、秋田、山口両県を「配備候補地となると考えられる」と初めて明言したとき、翌日の紙面に書いた解説記事で、石塚は「なぜこの2カ所なのか、納得のいく説明が求められる」と記した。その思いからすれば、いま目の前で示された四つの理由は、納得のいくものとはとうてい言えなかった。

■疑問晴れず

福田の説明に続き、知事は手元のメモを読み上げながら質問に移った。

「防衛省の内部、制服組の中ではＴＨＡＡＤ（高高度防衛ミサイル）の方がいいのではないかという意見もある」

「（イージス・アショアで使用する）レーダーが変わるという可能性もうわさされている」

専門用語を織り交ぜながら「何でもかんでも防衛機密にせず、公知のことがらはむしろ、公表していただいた方が住民の不安が取り除かれる」と促すと、福田は「知事の情報量の多さにはびっくりしました」と感心してみせ、「東京・市ケ谷におりますと、秋田県民、市民の心のひだの部分、正直分かりません。その辺につきましては、知事や市長のお話を十分に聞きながら、一つひとつ丁寧に説明させていただきたい」と話した。

さあ、これからどんなやりとりに移っていくのか――。取材陣が期待を込めて成り行きを見守っていた矢先、会談開始から間もなく40分になろうというところで、福田は言った。

「いただいた時間を過ぎてしまいまして。あくまでも今日が始まりでありますので、これから時間をかけてご指導いただきながら、と思いますので、よろしくお願いしたいと思います」

場を切り上げようとする発言に、知事も「私どもも持ちうる情報は提供いたしますので、今後

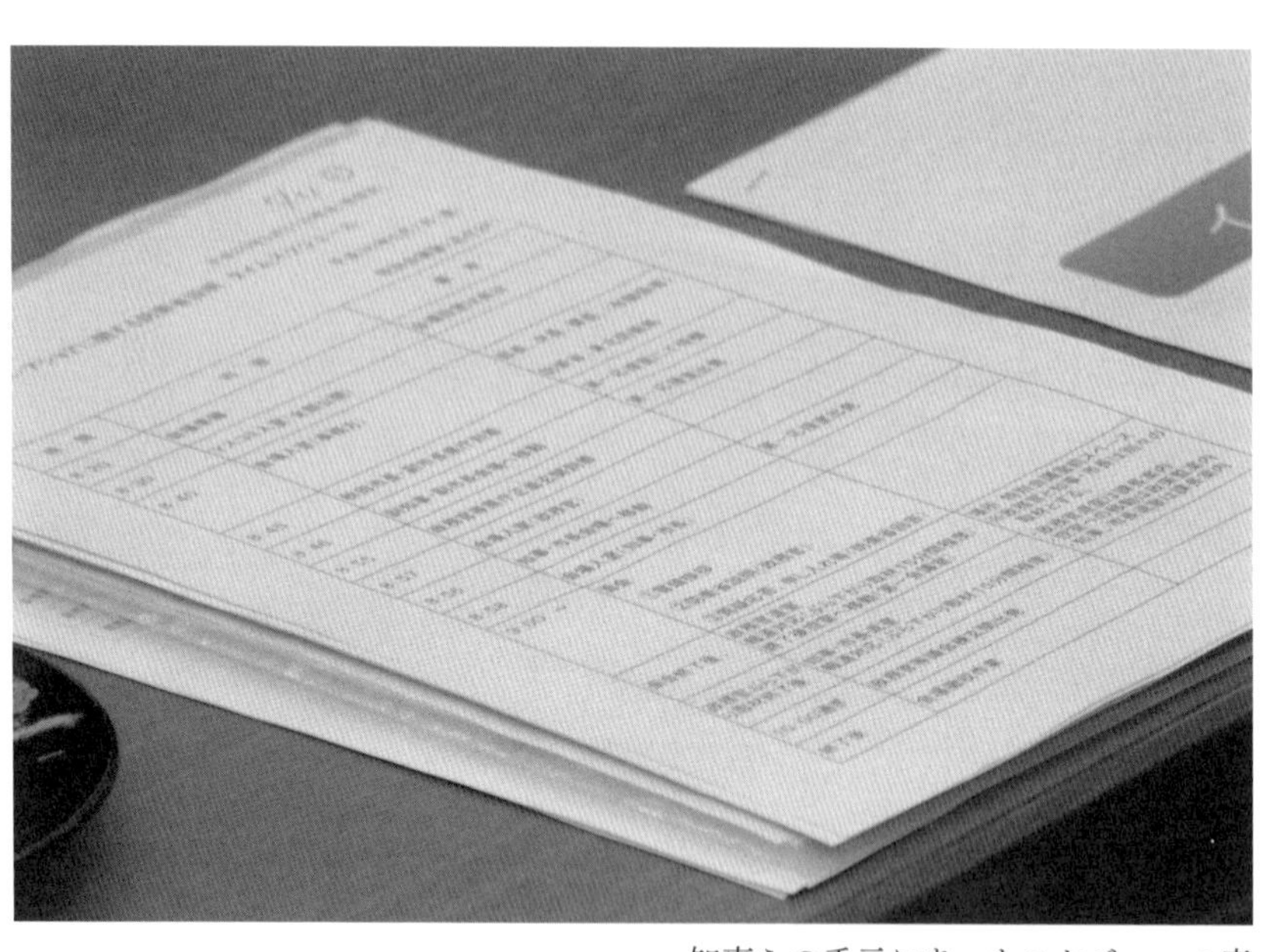

知事らの手元にあったスケジュール表

何かあれば遠慮なくどうぞ」と応じ、会談は終わった。最後には、福田が「防衛大臣政務官を離れて、日本バドミントン協会の副会長として7月に大変お世話になりますが、よろしくお願いいたします」とつけ加え、知事と握手を交わす場面もあった。

会談前には、防衛省側、県側いずれからも「終了時間は決めていない」という言葉があった。それだけに、取材班には一定の議論が尽くされる場になるという期待があったのだったが、それはあっさり裏切られた。

知事らの手元に置かれたスケジュール表を、社会地域報道部の加藤慶一郎(27)が撮影していた。そこには、「10：00過ぎ政務官等議会棟玄関出発」という記載があった。何のことはない、両者が事前にすりあわせたシナリオ通りに進行しただけではないか。記者室に戻ったメンバーは口々に言った。デスクとの打ち合わせをへて、１面には本記の他に解説記事を載せ、どういう意味合いを持つ会談だったかをはっきりと示し、社会面では、わずか40分間で消化不良な印象ばかりを残した会談の様子を克明に記すことになった。

石塚が担当した１面の解説に、取材班の問題意識が集約されていた。

なぜ秋田、疑問晴れず

防衛省にとって佐竹知事らとの面会は、地上イージスの配備を本格化させるため、まずは新屋演習場を候補地と認めて調査方針を伝えることが目的だった。県側の質問にはこの場で答えず、形式的なやりとりに終始。なぜ秋田かという疑問は晴れず、住民の不安は残されたままとなった。

候補地選定に関する福田政務官の説明は、既に示した省としての見解の繰り返し。２カ所配備の地理的バランスや地形など、適地条件を満たしているとする一方、新屋演習場でなければならない理由や、他の場所との比較には踏み込まなかった。

新屋演習場は１キロ圏内に住宅が密集し、生活への影響を懸念する周辺住民は少なくない。だが、この日示された配備の適地条件に、住民生活への影響に関する項目はなかった。住民への配慮はあったのか。選定過程を含め、詳細な説明が求められる。

必要性に関する説明も、北朝鮮の脅威を前面に出した従来通りの内容だった。情勢が好転した場合の対応を含め、県側が投げ掛けた問いは全て持ち帰った。

事前の段階では防衛省側、県側とも「終了時間は決めていない」としていた。にもかかわらず福田政務官は「頂いた時間が過ぎた」とし、40分足らずで面会を切り上げた。佐竹知事と穂積市長も、あっさりとそれを受け入れた。

まだ「入り口」とは言え、この日の面会では、疑問を晴らすため国と自治体が議論を深めるという姿勢はうかがえなかった。住民らの不安に向き合い、今後に臨むべきだ。

（２０１８年6月2日付1面）

3月に経営企画室から異動し、政治経済部長に就いていた山影寿士は、会談の終わりがバドミントン大会に関するあいさつだったことを記者たちから聞き、「一体、何をしに来たのか」と憤りを感じた。社交辞令のつもりだったとしても、地域住民の抱える不安とのギャップはあまりに大きい。

夜中になり紙面作りが一段落すると、山影はデスクの小川顕やキャップの相沢一浩、石塚らと話し込んだ。ようやく目に見える動きが自分たちの前で生じた1日だったが、何か新たなことがわかったとは言いがたい。「わからないことがあまりに多い」「防衛省の姿勢は疑問だ」。不満の声は、日付が変わっても続いた。

■反応

配備計画の浮上後、初めて迎えた大きなヤマ場をへて、秋田県内の空気には少しずつ変化が生じていった。

それはまず、知事佐竹と秋田市長穂積の態度に表れた。会談の3日後、6月4日に行われたそれぞれの定例会見では、次のようなやりとりがあった。

▽知事会見

――1日の防衛政務官との面会をどう受け止めたか。

「最適候補地という言い方は、ちょっと違うと感じた。あくまで自衛隊の演習場の中でということではないか。なんとなく、あそこありきだ。あれだけ住宅地に近い場所に防衛上の重要施設を置くことは、地元だけでなく（防衛省の）制服組にも不安はあるのではないか。迎撃ミサイル発射機の設置場所が周辺道路のすぐ近くになる可能性もある。どんな調査結果が出るのか。防衛省が中立、公正な調査をしてくれればいいが、役所からは自分たちに都合のいい結果が出るものだ。環境上、最適かどうかは甚だ疑問だと思っている」

――知事自身の役割をどう認識するか。

「住民が全ての疑問を科学的に網羅してぶつけるのは困難。住民に代わって防衛省の説明を検証するのが役割だ。疑問があれば再度ただし、回答内容を市民、県民に明らかにしていく」

――1日の面会は防衛省が約40分で切り上げ、質問にも回答しなかった。

「（当初終了を予定していた）午前10時半を過ぎても構わないと防衛省側に伝えていただけに、拍子抜けした。あちらの顔触れは、こちら側の質問に（専門的に）答えられる陣容ではなかった。まずは最初のあいさつ程度と受け取った。いずれは私が（小野寺五典）防衛大臣に直接会って確認することも必要になると思っている」

▽秋田市長会見

――住民の意向などを国にどう伝える。

「これまで住民説明がないので、防衛大臣に対し、国の責任で説明会を開くよう申し入れる。申し入れの具体的内容や提出方法は県と詰めている」

――調査前の住民説明を求めているが。

「イージス・アショアは地上配備型の基地であり、移動可能なPAC3（地対空誘導弾パトリオット）とは違う。入札の公告前に説明会が開催されない場合、信頼関係は損なわれる」

――配備候補地の選考過程をどう見る。

「これから（防衛省が）調査を進める上で、現地を確認したのかどうか。内部で十分に検討されてきたのかという点で疑義がある」

――1日の面会で防衛政務官は新屋を候補地とする4点の理由を挙げたが、納得していないということか。

「そうだ。まだ疑問が多い」

県議にも反応があった。

6日の県議会総務企画委員会。防衛省による説明内容を県が県議らに伝えると、それに対する異論が上がった。

自民党の北林丈正は、防衛省が候補地選定の段階で新屋演習場周辺の環境や住民感情などを考慮していないと指摘し、「住民は不安だ。住宅密集地への配備はやめてくれと県が表明していい」と主張した。

同じく自民党で元自衛官の鈴木健太も、新屋演習場の周辺は東北地方の沿岸部の中でも人口密度が高い部類に入るとし、「なぜ最適地とされるのか分からない。有事の際に狙われないわけがない」と疑問を呈した。会談の際に政務官が新屋演習場を「新屋駐屯地」と4回言いまちがえたことについても「秋田を軽視している」と批判した。

社民党の石川ひとみは、住民説明会の開催を知事が防衛大臣に直接働きかけるべきだとして、「県の対応にスピード感がない」と指摘した。

14日には、県議会と秋田市議会でそれぞれの全員協議会が開かれ、防衛省の担当者らが配備計画についての説明を行う場が設けられた。説明に当たった防衛省戦略企画課長の五味賢至や東北防衛局長の深澤雅貴らに、県議、市議らは多様な観点から質問を浴びせた。

▽県議会

北林康司（自民）　陸上自衛隊新屋演習場は住宅地に近く、住民が不安を感じている。夏以降に行う調査の結果、新屋が地上イージス配備に適さないと判断することもあるのか。

五味　住宅、学校に近いことは認識して検討してきた。適切な形でしっかり説明していきたい。地質、電波の影響を徹底的に調査し、仮に不具合が出た場合、配備できないと判断する可能性はゼロではない。ただ、これまでの私たちの検討結果に鑑みると、その可能性は低い。配備の可能性は高い。

渡部英治（みらい）　配備候補地を手っ取り早く選んだ印象だ。

五味　簡単だから選んだわけではない。できる限り迅速に設置できるよう自衛隊の施設の中から選んだ。それ以外だと土地の取得などに時間がかかる。

三浦茂人（みらい）　住宅地から遠い場所を最優先に考えるべきでなかったか。

五味　地上イージスは国民の安全を守るものであり、それが住民の健康に影響を与えるようであれば本末転倒。住民に影響を与えないことを大前提に選定した。

石田寛（社民）　本県上空でミサイルを迎撃すればどうなるのか。

五味　大気圏外で迎撃するため、破片は燃え尽きて地上には落ちてこない。

石田　地上イージスのレーダーは人体に影響を与えないのか。

五味　非常に指向性の高いレーダーなので、住民の生活圏と一定程度、離れていれば大丈夫というデータがある。人体に影響を与える形にはならない。

沼谷純（つなぐ会）　テロはどう防御するのか。
五味　そういうことが起こらないよう警備体制を強化する。
田口聡（公明）　秋田空港の航空機離発着に影響は出ないか。
五味　空港が近いことは認識している。大幅な支障は現段階では出ないと思っている。
加賀屋千鶴子（共産）　防衛省の内部文書に、飽和攻撃を受けた場合の対応は限定的と書いてあった。性能の限界を認識しているのか。
五味　北朝鮮の能力向上に対し、こんな課題があると挙げたもの。可能な限り能力を向上させて万全を期す。
平山晴彦（もりやま）　新屋でなければ駄目なのか。調査結果次第で代替地を考える可能性はあるか。
五味　可及的速やかな配備という観点で自衛隊施設から選んだ。新屋が最適だ。
石川徹（鳳）　地上イージスに配備予定のミサイルを使った迎撃実験で失敗した。致命的ではないか。
五味　ミサイル自体の問題ではなく、人的要素があった。必ずしも致命的な不具合ではないと承知している。
石川　ミサイル発射時の騒音、衝撃は。
五味　体感したことがないので説明は難しいが、住民に害を与えることはない。

▽市議会

鎌田修悦（秋水会）　配備に対し、ロシアが不快感を示している。
五味　他国に脅威を与える装備品ではなく、あくまでもわが国を防衛するためのものだ。
渡辺良雄（市民クラブ）　配備による地元自治体の財政的なメリットはあるか。
深澤　防衛施設と周辺地域の調和を図るため、法律に基づき補助金や交付金を設けている。配備は正式な調査の後に決めるので、現時点では答えられない。
鈴木知（共産）　北朝鮮から弾道ミサイルが発射されれば10分ほどで到着するが、対応は可能か。
五味　地上イージスはレーダー、ミサイル、情報処理能力が非常に高い。ミサイルを探知して追跡、迎撃する時間のサイクルが短い。
佐藤哲治（フロンティア秋田）　北朝鮮が大量にミサイルを撃った場合、対応できるか。
五味　同時対処能力が高いので、飽和攻撃に対する解決策になると考えている。相手の攻撃抑止にも大きな意義がある。
安井正浩（秋水会）　配備後の人員や施設の建設費用は。
五味　米軍が運用するルーマニアの例では、人員は１００人以上。警備も加えると数百人規模となる。施設整備や宿舎にどれくらいの費用がかかるかの現時点の数字はない。
宇佐見康人（そうせい）　候補地の検討過程を公表する予定はあるか。
五味　情報公開の基準に従う。

傍聴した県民、市民からは、一様に不満の声が上がった。

「防衛省は丁寧な説明をすると繰り返していたが、何一つ納得できる説明はなかった」（70代女性）

「具体的な説明がまったくない。われわれ市民をばかにしているのか」（60代男性）

「防衛省はきれい事を並べ、同じ内容を話すばかり。答弁に誠意が感じられない」（60代女性）

■住民説明会

6月17日には、初の住民向け説明会が秋田市役所で開かれた。

防衛省の意向により、参加者は新屋演習場から3キロ圏内にある自治会の役員や学校関係者などに限定され、住民119人が出席した。質問には、地域住民の切実な思いがあふれた。

――配備に関し、地元の了解を得たとどの段階で判断するのか。

「丁寧に説明し理解を得るのがわれわれの立場。どの段階でと言うのは難しい」

――北朝鮮は日本を攻撃対象と考えているのか。

「北朝鮮がどこの国をターゲットにしているかを申し上げるのは難しい。ただ、日本や米国を

防衛省が初めて開いた住民説明会
＝2018年６月17日、秋田市役所

挑発するような言動をしてきたのは確かだ」

――日本ではなく、米国のグアム、ハワイの基地を守るために配備するのではないか。

「わが国に飛来するミサイルを念頭に候補地を考えた。グアム、ハワイを考えての最適候補地ということではない」

――敵国に狙われないか。有事の際はどの範囲の住民が避難することになるのか。

「配備により抑止力が高まると考えており、攻撃される可能性は低くなる。住民が避難する可能性が高まるとは考えていない」

――攻撃のターゲットにならないと、断言できるか。

「ゼロとは言えないので、必要な体制をとる。ご理解いただきたい」

――新屋演習場は住宅密集地にある。

「地上イージス導入は地域住民を含め、国民を守るためだ。周辺住民に影響を与えないことを大前提に検討してきた。現時点で周辺への影響は見つかっておらず、今後も詳細に調べる」

——すでに防衛省のレーダーがある男鹿市の航空自衛隊加茂分屯基地に配備する考えはないか。

「新屋を選んだのは全国の自衛隊施設を検討し絞り込んだ結果。加茂分屯基地について個別の検討経過を答えるのは差し控える」

——新屋に配備したら、試射はするか。

「試射は想定していない。さまざまなシミュレーション装置を使って訓練を行う」

——地元の理解を得られなくても配備を進めるのか。

「住民の理解と協力がないと自衛隊の任務は遂行できない。強行することは毛頭考えていない。理解が得られるよう繰り返し説明していく」


淡々と質問に応じる五味が一瞬、答えに窮する質問があった。

「あなたに小さな子どもがいるとしたら、近くにミサイル基地のある学校に安心して子どもを通わせられますか」。新屋演習場から1キロも離れていない勝平小学校でＰＴＡ役員を務める40代女性が問いただした。出席者の目が五味に集中する。

「あの、えー」。言葉を詰まらせた五味は「もちろん、ご心配になるのは当然です。住む地域に負の遺産になるようなものを残すということは、あってはならないと思います」と述べた。

終了後、政治経済部の川村巴（28）はこの女性に「少しお話を聞かせていただけませんか」と声をかけた。

「いえ、取材には答えたくないです」

「先ほどの発言は、多くのお母さんたちの心に響いたと思います。新聞でぜひ伝えたいんです」

「私は他の人と違って全然詳しくないので、他の人に聞いてください」

なんとか電話番号を聞き出し、数時間後にかけると、女性は取材に応じてくれた。大勢の前で話すのは苦手だが、住民の質問に対してロボットのように同じ答えを繰り返す様子に我慢がならず、勇気を振り絞って発言した。女性はそう言った。「子どもと安心して暮らし続けられるのかなって。日常の生活が変わってしまいそうで、怖いなと思うんです」

少しでも多くの読者に、地元の人たちの気持ちを知ってもらい、配備計画について考えを巡らせてほしい。そう思い、川村は女性の話を原稿に盛り込んだ。

■地元の空気

防衛大臣の小野寺が6月22日に来県し、知事、秋田市長と会談することが決まった。配備計画浮上後、防衛大臣の来県は初めてのことだ。

表だった動きがほとんどなかった5月までと違い、6月に入ると防衛省の動きが目まぐるしくなった。配備計画を着実に前進させようという意思を、記者たちは感じ始めていた。

社会地域報道部の内田隆之（40）と長田雅巳は、配備候補地とされる新屋地区がどんな街であるのか、ルポで表現したいと考えた。新屋演習場に隣り合う新屋地区は秋田魁新報本社から車で10分ほどだが、意外になじみのないごく普通の住宅街だ。そんな街の表情を現場ルポで伝えることで、配備計画に戸惑う地元の表情をリアルに読者に伝えることができるのではないかという発想だった。

小野寺の来県に合わせ、22日付社会面にルポは掲載された。

地上イージス候補地「新屋」
「最適地」に不安、憤り／暮らし近接、住民「なぜ」

地上配備型迎撃ミサイルシステム「イージス・アショア」（地上イージス）の候補地となっている秋田市の陸上自衛隊新屋演習場の周辺には、住宅街が広がる。防衛省は「最適地」と説明するが、「新屋ありき」で進められる配備計画に、住民の間では不安や憤りが渦巻く。きょう22日の小野寺五典防衛相の来県を前に、演習場周辺を歩いた。

21日午前7時半すぎ、演習場の南約５５０メートルにある勝平小学校に通う児童が、ランドセルを背負って次々に登校してきた。近所に住む七尾資朗さん（76）は学校近くの丁字路に立ち、「おはようございます」とあいさつを交わす。毎朝、「かつひらの風パトロール隊」のメンバーとして、１００人を超す児童の登校を見守っている。

8時すぎ、通勤途中の母親に送られてきた2年の男児が「行きたくない」とこぼした。七尾さんはすかさず駆け寄って手を取り、校門まで送り届けた。丁字路に戻ると、秋田商業高校に向かう生徒が自転車に乗って軽快に走り抜けていった。同校は演習場から南に300メートルほど。演習場までの近さは勝平小以上だ。

「子どもの元気な声が聞けるのがやりがい。小さい子は、母ちゃんに甘えたいよな」と七尾さんは笑顔を見せた。だが、地上イージスに話が及ぶと、表情は険しくなった。「突然、『最適地』と言われても。学校がこんなに近くにあるのに」

演習場は1954年の開設。広さ約105ヘクタールで、東西に約800メートル、南北に約2キロ。周辺の勝平地区には住宅が密集しており、約5400世帯、1万3千人近くが暮らす。3キロ圏内には県庁や市役所、市立秋田総合病院などがある。

演習場の周囲は有刺鉄線付きのフェンスで囲われている。樹木が茂り、中を見通すことはできない。フェンス沿いの市道には歩道があり、散歩する住民も多い。演習場に近い新屋松美ガ丘北町内会の長谷部一会長（70）は「今の時期だと、午前4時すぎには歩いている人がいる。地元の人にとっては身近な散歩コースだし、サイクリングに使う人も多い」と話す。

演習場はヘリコプター飛行や空包訓練に使われている。長谷部会長の元には19日、7月の訓練日時を知らせる回覧文書が陸自秋田駐屯地から届いた。「これはいつものこと。予定時間以外に訓練の音が聞こえることもあるし、書いてある通りではないけどな」

この町内に住宅を構えて50年近くになる小番進さん（74）は、ボーイスカウトのキャンプに参加する親類の子どもを連れて演習場の中に入ったことを思い出す。「40年ぐらい前だな。あの頃はフェンスなんかなくて、原っぱが広がっていた」。地上イージスの候補地となってからは「この先どうなるのだろう」と気になって仕方ないという。

防衛省は今月に入り、地元の首長や議会、住民に相次いで地上イージスの必要性を説明し、配備への強い意思を示した。ただ、なぜ「最適地」と言えるのかという地元の疑問は解けない。

22日には小野寺防衛相が県庁を訪れ、佐竹敬久知事らと面会する予定だ。

「何のために来るのかね。大臣が直接説明したというパフォーマンスかね」。児童を見送った七尾さんが黄色い旗を握り締めながら、ぽつりとこぼした。

（2018年6月22日付社会面）

■防衛大臣会談

6月22日、防衛大臣の小野寺が来県し、県庁で知事佐竹、秋田市長穂積と会談した。3週間前の防衛政務官との会談では微温的な態度が目立った佐竹だったが、この日は様子が違った。

小野寺　イージス・アショアについては、2基で日本全体を守るという考えの中で秋田の沿岸部が最適と判断した。新屋演習場を候補地として調査したい。演習場や近隣の小中学校、秋田商

知事らとの会談終了後、報道陣の取材に応じる小野寺（中央）
＝2018年６月22日、秋田県議会棟

業高校の周辺を見て回った。市街地に非常に近いと感じ、配慮が必要だと認識した。

知事　北朝鮮との緊張関係の中でイージス・アショアをどこかが引き受けなければならないなら、当初は協力もやぶさかではないと思っていた。しかし、新屋演習場を最適候補地とするのは現実を捉えていない。配備を急ぐために演習場の課題について検討せず、選定したのではないかとの疑問がある。大臣の来県前日に調査の入札を公告したことは、地元感情を軽視したと考えざるを得ない。

態度を硬化させた背景には、いくつかの理由が考えられた。

まず、これまでの県議会や市議会、住民を相手にした説明会が逆効果となり、防衛省への不信感が県内に強まっていたこと。さらに、会談前日の21日に東北防衛局が新屋演習場で行う地質測量調査の一般競争入札を公告したこと。防衛省と地元との話し合いが続く状況の中で、配備に直接関係する手続きを防衛省が一方的に進めたことに、知事は「非常に不愉快だ」と強い調子で批判していた。

そして、会談当日の22日、東京で官房長官の菅義偉が、北朝鮮の弾道ミサイル発射を想定して前年から各地で行ってきた住民避難訓練を見合わせると発表したこと。米朝首脳会談の開催で緊張緩和が進み、北朝鮮が弾道ミサイルを発射する可能性が低下したことを理由にしていたが、イージス・アショアの配備を急ぐ防衛省の姿勢とは正反対の動きで、政府全体としての対応はいかにもちぐはぐだった。

■地元の理解

知事らとの会談後、防衛大臣小野寺は報道陣の取材に応じた。政治経済部の石塚健悟は、タイミングを見計らい、質問をぶつけた。

――地元の理解を得てから配備を進めるという姿勢なんでしょうか。

防衛大臣　私どもとしては、地元の理解をしっかり得るように努力をするということです。

配備計画を巡り、ひとつのキーワードとして浮上していたのが、「地元の理解」だ。

記者の質問に答える小野寺
＝2018年６月22日、秋田県議会棟

秋田、山口両県が配備候補地に挙がっているという読売新聞の報道があった２０１７年11月、知事が取材に対し述べたのが、「説明会を開くなどして地元の理解度を深めながら進めてもらわないと困る」という見解だった。

年が明け、２０１８年2月8日の衆院予算委員会では、野党議員がこの点について「配備には地元の了解が必要だと考えているのか」とただした。

小野寺は「理解を得る努力をしてまいりたい」として明言を避けた。議員はしつこく質問を繰り返し、小野寺は同じ答弁を5回繰り返した末、「地元の理解と協力は必須なことだと思う」と述べた。配備を進めるための前提として、「地元の理解」が位置付けられた形となった。

しかし、この日の会談ではこの点について突っ込んだやりとりはなく、防衛省側の姿勢はあいまいなものに映った。改めてこの点をはっきりさせておこうとする石塚の質問に、小野寺の答えは本質を外れていた。

石塚は食い下がった。

――防衛省側が努力すれば、それで配備を進めるということでしょうか。

防衛大臣　住民の皆さまが安心して理解できるような、そういう努力をしていくということであります。

――強行しないということですね。

防衛大臣　私どもとしては理解を得る努力を続けていくということです。

――強行しないということでよろしいんでしょうか。

防衛大臣　私どもとしては、理解を得る努力を続けていくということであります。

防衛省職員　以上で終了させていただきますっ。ありがとうございましたっ。

職員が間に入り、強引に質問を打ち切るさまには、「地元の理解」というハードルをあいまいなものにしたい防衛省の思惑が色濃くにじんだ。

■反対過半数

「県議の考えを聞く必要があるよなあ」。政治経済部の相沢と石塚は、春ごろからそんな会話を交わすようになっていた。知事の見解を問う機会は会見など時折あるが、41人いる県議会議員それぞれが配備計画に対してどのような考えを抱いているのかは、自分たちから働きかけない限り、見えてこない。

翌年春に県議選を控える中、それぞれの議員の考えを読者にいま示す意味合いは大きい。デスクの小川や部長の山影も同じ考えだった。一斉アンケートを行う方向でまとまり、どうせやるのであれば秋田市議39人にも聞いてはどうかと、構想が膨らんでいった。政治経済部と社会地域報道部が連携し、アンケートに取り組むことになった。

山影がアンケート用紙を作り、県議会と市議会が開かれている6月下旬、記者たちが議会棟を回り、用紙を配って歩いた。

用意した質問は三つ。

①イージス・アショアを日本に配備することをどう考えるか

②新屋演習場への配備についてどう考えるか

③防衛省に求めることは何か

締め切り日になっても回答しない議員も少なからずいたため、政治班キャップの相沢が会派控室を回り、目の前で回答を書いてもらった。国政与党の自民県議であっても、新屋配備に反対する人がいたのは意外だった。回収結果

地上イージス 新屋配備

県議の過半数 反対

導入自体は賛成6割超

議員に問う

政府が2023年度の導入を目指す地上配備型迎撃ミサイルシステム「イージス・アショア」（地上イージス）について、県議41人の過半数の22人が秋田市の陸上自衛隊新屋演習場への配備に反対であることが、秋田魁新報社のアンケートで分かった。住宅密集地の近さへの懸念が目立った。一方、場所を問わず国内配備そのものへの賛否を尋ねたところ、北朝鮮の脅威などを理由に6割超が賛成とした。■県議アンケート関連記事3面

地上イージスの候補地は、新屋演習場と山口県の陸自むつみ演習場の2カ所。防衛省は、防護範囲や地形などの条件から両演習場を「最適候補地」とし、周辺住民の生活に影響のないよう配備するとしている。防衛省幹部らが先月、相次いで来県し、県議、市議に配備方針を説明した。

アンケートでは、新屋配備に「賛成」はゼロ。「どちらかといえば賛成」を合わせた賛成派が6人（14・6%）だった。これに対し、「反対」「どちらかといえば反対」の反対派は22人（53・7%）。「どちらともいえない」は13人（31・7%）だった。

Q1 地上イージス配備

賛成 17人 41.5%
どちらかといえば賛成 10人 24.4%
どちらともいえない 4人 9.8%
どちらかといえば反対 1人 2.4%
反対 9人 22.0%

Q2 新屋への配備

※小数点第2位を四捨五入

どちらかといえば賛成 6人 14.6%
どちらともいえない 13人 31.7%
どちらかといえば反対 4人 9.8%
反対 18人 43.9%

賛成派6人はいずれも自民党会派の議員。他の7会派は、公明党の1人が「どちらともいえない」とした以外は全員が反対派。自民の中でも6人は反対派だった。

賛成派の理由は「適地ならやむを得ない」がほとんど。一方、反対派は住宅密集地や学校と近く、テロや攻撃の対象となった場合に安全が確保できないといった声が大勢を占めた。「どちらともいえない」の理由は「県と市が（防衛省に）提出した質問状の回答を待つ」「防衛省の説明不足」などだった。

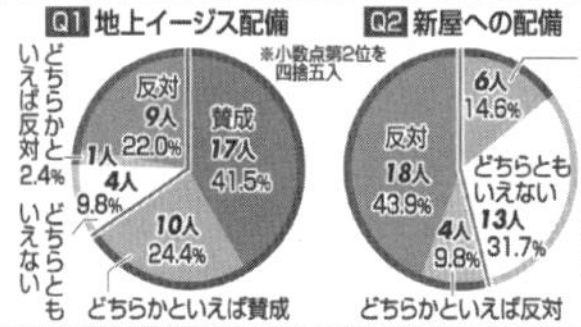

県議アンケートの結果を伝える記事
＝2018年7月9日付1面

は一覧表にまとめ、議員それぞれの考えが読者にひと目でわかるよう工夫した。万が一にも転記ミスがあってはいけないと、読み合わせを4回行った。「防衛省は『反対』と書いた自民党議員の懐柔に乗り出したりするんですかね」。小川とそんな話をした。

秋田市議会の回答は、秋田市担当の佐々木翔吾（24）らが回収して歩いた。回答を渋る議員はいなかったが、自身の考え、特に新屋配備への賛否を明言したがらない人が、保守系の議員には多かった。「来年春には市議選がある。いろんなことを気にしているんだろうな」。佐々木は感じた。

アンケート結果は、県議、秋田市議いずれも過半数が新屋演習場への配備に反対する結果となった。

新屋配備、県議の過半数が反対／導入自体は賛成6割超

政府が2023年度の導入を目指す地上配備型迎撃ミサイルシステム「イージス・アショア」について、県議41人の過半数の22人が秋田市の陸上自衛隊新屋演習場への配備に反対であることが、秋田魁新報社のアンケートで分かった。住宅密集地の近さへの懸念が目立った。一方、場所を問わず国内配備そのものへの賛否を尋ねたところ、北朝鮮の脅威などを理由に6割超が賛成とした。

アンケートでは、新屋配備に「賛成」はゼロ。「どちらかといえば賛成」を合わせた賛成派が6人（14・6％）だった。これに対し、「反対」「どちらかといえば反対」の反対派は22人（53・7％）。「どちらともいえない」は13人（31・7％）だった。

賛成派6人はいずれも自民党会派の議員。他の7会派は、公明党の1人が「どちらともいえない」

とした以外は全員が反対派。自民の中でも6人は反対派だった。

賛成派の理由は「適地ならやむを得ない」がほとんど。一方、反対派は住宅密集地や学校と近く、テロや攻撃の対象となった場合に安全が確保できないといった声が大勢を占めた。「どちらともいえない」の理由は「県と市が（防衛省に）提出した質問状の回答を待つ」「防衛省の説明不足」などだった。

イージス・アショアを国内のどこかに配備することについては賛成派が27人（65・9％）に上ったのに対し、反対派は10人（24・4％）、「どちらともいえない」は4人（9・8％）だった。

賛成派の大半は北朝鮮の脅威を理由に挙げた。米朝首脳会談で北朝鮮が非核化を約束しても、防衛力強化の必要性は変わらないとの考えだ。逆に反対派は、非核化合意で朝鮮半島情勢は緩和に向かっているとした。弾道ミサイル防衛は現状のイージス艦対応で十分との意見もあった。

（2018年7月9日付1面）

新屋配備、秋田市議も反対過半数／住宅地の近さ不安視

政府が2023年度の導入を目指す地上配備型迎撃ミサイルシステム「イージス・アショア」について、秋田市議39人の過半数の21人が、同市の陸上自衛隊新屋演習場への配備に反対であることが、秋田魁新報社のアンケートで分かった。県議と同様、住宅地や学校に近いことを不安視する意見が目立った。一方でイージス・アショアの配備自体については、「一定の抑止力保持は必要」などとして過半数の20人が賛成した。

新屋への配備では、「反対」「どちらかといえば反対」を合わせた反対派が21人（53・9％）に上ったのに対し、「賛成」「どちらかといえば賛成」の賛成派は4人（10・2％）にとどまった。「どちらともいえない」は14人（35・9％）だった。

賛成派の4人はいずれも保守系の最大会派・秋水会の議員。他会派では、公明党の4人全員と第2会派そうせい、市民クラブの各1人が「どちらともいえない」と回答した。フロンティア秋田（4人）、社会・市民連合（3人）、共産党（2人）は全員が反対派。秋水会の中でも4人が反対派だった。

賛成派の理由は、「防衛力は必要。秋田以外なら良いという議論はできない」「自衛隊の土地であるため阻止できない」など。反対派では、住宅地や学校に近く、レーダーが発する電磁波による健康不安が解消されていないといった意見が目立った。

一方、イージス・アショアを国内のどこかに配備することについては賛成派が20人（51・3％）と半数を超えたのに対し、反対派は9人（23・0％）にとどまった。「どちらともいえない」は10人（25・6％）だった。

（2018年7月10日付1面）

■社長の一文

県議、秋田市議のアンケートに続き、7月11〜14日の紙面は、地元国会議員へのアンケート結果を掲載した。土曜日だった14日朝、その紙面を自宅で食い入るように読んでいたのが、社長の小笠原直樹（66）だ。

社会部長、論説副委員長をへて51歳で編集局長。常務取締役編集局長をへて２００９年に社長に就任し、以来10年間、秋田魁新報の看板を背負ってきた。

アンケート対象７議員のうち、自民党議員は５人。そのいずれもが、新屋演習場への配備について「どちらかといえば賛成」と答えていた。小笠原は、そこが気になった。防衛計画の大綱にも中期防衛力整備計画にも記載のなかった配備計画が突如表面化し、閣議決定に導入が明記されたのが半年余り前。政治主導で進む流れに、小笠原は強い違和感を覚え続けていた。

１８７４（明治７）年に週刊の「遐邇新聞」として創刊した秋田魁新報は、現存する新聞としては全国で４番目、東北では最も長い歴史を持つ。幾度かの題号変更をへて１８８９(明治22)年、現在の秋田魁新報に。そこから数えて14代目の社長に当たるのが小笠原だ。

日本列島においては「裏日本」と称される位置にある秋田も、東アジアに目を向ければ、眼前には日本海が交易、交流の海として広がる。古代には、現在の中国東北部、朝鮮半島北部にあった渤海国の使者がたびたび訪れ、江戸から明治にかけては北前船が行き来した海。戦後も、県の政策の柱の一つは中国やロシアなどとの経済交流に置かれ、「環日本海」は今なお、秋田の発展を探る上での重要な地理的概念だ。

多くの命を失った先の戦争を機に、平和国家として刻んだ戦後の歩みを、小笠原はこの国のあり方の基本と捉えている。そして、平和な日本海は、秋田が、そして日本が目指すべき姿。その日本海に向けてミサイル発射基地を置こうという、あたかも日本列島を不沈空母とみなすかのようなイージス・アショアの配備計画は、秋田の、この国の未来像と相いれない。地元の与党国会議員たちがアンケートにそろって記した「どちらかといえば賛成」という回答は、「安倍一強」と呼ばれる現政権におもねる姿勢の表れではないのか――。

編集局長を務めて以来、新聞社の役割について小笠原は、三つの考え方を根底に据えてきた。一つ、地域の読者に対して必要かつ十分な情報をわかりやすく伝えているか。二つ、多様な意見を交流させる場として、紙面が機能しているか。三つ、権力に対するチェック機能がきちんと働いているか。中でも、三つ目は最も大切でかつ、最も難しい役割だが、それを自らの名で果たすべき時が来たと、小笠原は感じた。

前日、役員や編集幹部らとの会議で小笠原は、「自分個人としての思いを書かせてほしい」と伝えていた。14日朝、手元のメモに文案を走り書きして構成を練り、土曜だったが出社して初稿を書き上げた後、私用でいったん外出。夕方に社へ戻り、パソコンで原稿を仕上げた。

どうする地上イージス　兵器で未来は守れるか

悔いを千載に残すことになりはしないか。

政府が導入を目指している地上配備型迎撃ミサイルシステム「イージス・アショア」（地上イー

ジス）に関して、県議と秋田市議に問うたアンケートの結果、そして国会議員の回答を本紙で読んだ。県議、秋田市議とも過半数が、同市新屋へのイージス配備に反対の態度を表明したものの、国内配備そのものにはいずれも半数を超す議員が賛意を示した。本県国会議員は自民党議員全員が、新屋への配備にも「どちらかといえば賛成」の立場だった。

だが、イージスの配備は果たしていま必要なのだろうか。

戦後日本は、大戦が招いた甚大な惨禍と、それに対する深い反省から、「二度と戦争を繰り返してはならない」という強い決意を抱いて、廃虚から再スタートを切った。その出発点は平和主義であり、国民主権であり、基本的人権の尊重にある。

新聞社の役割の第一は、読者に成り代わって政府や権力者の行為を監視し、再び戦争に駆り出されることのないよう言論の力をもってチェックすることであると考えている。秋田魁新報社は不偏不党を貫き、政治的勢力から一定の距離を保ってきた。だが、それはすなわち、賛否の分かれる問題から逃げ、両論併記でその場をやり過ごすことではない。

地上イージスの配備は本県のみならず、国の安全保障に関わる大問題だ。最も尊重しなければならないのは、県民と県土の安心安全、ひいては国家と国民の安全保障であることは論をまたない。この立場は設置賛成論者と同じだが、異なるのは、戦争に突き進んだ過去に対する真摯（しんし）な反省の上に立った歴史観である。

個人に正当防衛の権利があるように、国にも自衛権がある。その考えに異論はない。だが、進展は不透明とはいえ、朝鮮半島の南北首脳が板門店の軍事境界線上で手を握り、劇的な一歩を踏み出そうとしているその時に、「脅威に備える」として、ミサイル発射装置を据え付けることは正しい選択だろうか。

◇　◇　◇

軍事施設はいったん配備されれば、増強されることはあれ、撤去されることはまずない。仮にいま、新屋地区に地上イージスが配備されるとなれば、それが引き金となって半永久的なミサイル基地に道を開くことになりはしないか。蟻(あり)の一穴となり、再び「強兵路線」に転じる恐れはないのか。悔いを千載に残さぬよう、慎重に思慮しなければならない。

朝鮮半島の政治構造が転換点を迎えているいまだからこそ、南北の融和と民生安定に、隣国として力を尽くすべきではないのか。地上イージスを配備する明確な理由、必要性が私には見えない。兵器に託す未来を子どもたちに残すわけにはいかない。

思いを込めた一文は、2日後、7月16日付の1面に掲載された。

どうする地上イージス

兵器で未来は守れるか

悔いを千載に残すことになりはしないか。

政府が導入を目指している地上配備型迎撃ミサイルシステム「イージス・アショア」(地上イージス)に関して、県議と秋田市議に問うたアンケートの結果、そして国会議員の回答を本紙で読んだ。

県議、秋田市議とも過半数が、同市新屋へのイージス配備に反対の態度を表明したものの、国内配備そのものにはいずれも半数を超す議員が賛意を示した。本県国会議員は自民党議員全員が、新屋への配備にも「どちらかといえば賛成」の立場だった。

だが、イージスの配備は果たしていま必要なのだろうか。

◇◇◇

戦後日本は、大戦が招いた甚大な惨禍と、それに対する深い反省から、「二度と戦争を繰り返してはならない」という強い決意を抱いて、廃墟から再スタートを切った。その出発点は平和主義であり、国民主権であり、基本的人権の尊重にある。

新聞社の役割の第一は、読者に成り代わって政府や権力者の行為を監視し、再び戦争に駆り出されることのないよう言論の力をもってチェックすることであると考えている。秋田魁新報社は不偏不党を貫き、政治的勢力から一定の距離を保ってきた。だが、それはすなわち、賛否の分かれる問題から逃げ、両論併記でその場をやり過ごすことではない。

◇◇◇

地上イージスの配備は本県のみならず、国の安全保障に関わる大問題だ。最も尊重しなければならないのは、県民と県土の安心安全、ひいては国家と国民の安全保障であることは論をまたない。この立場は設置賛成論者と同じだが、異なるのは、戦争に突き進んだ過去に対する真摯な反省の上に立った歴史観である。

個人に正当防衛の権利があるように、国にも自衛権がある。その考えに異論はない。だが、進展は不透明とはいえ、朝鮮半島の南北首脳が板門店の軍事境界線上で手を握り、劇的な一歩を踏み出そうとしているその時に、「脅威に備える」として、ミサイル発射装置を据え付けることは正しい選択だろうか。

◇◇◇

軍事施設はいったん配備されれば、増強されることはあれ、撤去されることはまずない。仮にいま、新屋地区に地上イージスが配備されるとなれば、それが引き金となって半永久的なミサイル基地に道を開くことになりはしないか。蟻の一穴となり、再び「強兵路線」に転じる恐れはないのか。悔いを千載に残さぬよう、慎重に思慮しなければならない。

朝鮮半島の政治構造が転換点を迎えているいまだからこそ、南北の融和と民生安定に、隣国として力を尽くすべきではないのか。地上イージスを配備する明確な理由、必要性が私には見えない。兵器に託す未来を子どもたちに残すわけにはいかない。

(秋田魁新報社社長 小笠原直樹)

小笠原が筆を執った一文
＝2018年７月16日付１面

■自治会の反対

地上イージス 新屋配備計画

近隣町内、初の反対意向

地上配備型迎撃ミサイルシステム「イージス・アショア」（地上イージス）を秋田市の陸上自衛隊新屋演習場に配備する計画を巡り、演習場近隣の松美ガ丘北町、勝平台の両町内会が今月中旬までに、それぞれの役員会で反対の意向を固めた。両町内には秋田商業高校と勝平小学校が立地。構成世帯数はともに市内の町内会でトップクラスで、計約900世帯、2200人が居住する。配備計画に対しては市民団体が反対を求める要望書を県や市に提出しているが、演習場近くの町内会が意思表示するのは初めて。

■地上イージス関連記事3面

2200人居住、「なぜ最適地か」

松美ガ丘北町町内会には約400世帯、約千人が暮らす。町内にある勝平小は演習場の南約550㍍に位置する。児童数は646人（5月1日現在）で、市内41小学校のうち3番目の規模。町内会長の長谷部一さん(70)は「ここは子どもたちの元気な声が聞こえる暮らしやすいところ。住宅が密集し学校もある地域が、なぜ最適地と言えるのか」と指摘する。

町内会は今月14日に役員会を開催。会長ら7人が、地上イージス配備の是非を協議した。長谷部さんによると、各役員は「攻撃の標的となる可能性が拭えず不安だ」「住民生活にどれだけ影響が出るのか、これまでの防衛省の説明では分からない」「賛成する理由がない」などと住民の声を伝え、反対の立場を取ることで全員が一致した。

勝平台町内会は演習場のすぐ南側にある。300㍍ほど離れた場所に住宅や秋田商高があり、約500世帯、約1200人が暮らす。今月8日、町内会の班長や役員計31人による合同役員会を開催。町内会長の五十嵐正弘さん(70)は「演習場からあまりに近く、防衛省は住民を第一に考えていない。勝平台町内会としての意見は反対でまとまった」と話した。

防衛省が県と市の質問に回答した文書について、長谷部さんは「電磁波に加え、ミサ

地元自治会の反対意向を伝える記事
＝2018年７月23日付１面

６月22日に防衛大臣小野寺と会談した際、知事佐竹と秋田市長穂積はそれぞれ、質問状を提出していた。新屋演習場を配備候補地に選んだ理由などをただす質問状に対し、防衛省からの回答が７月19日に届いた。

防衛省側が公表した内容は、余さず紙面で紹介すべきだとの判断から、回答は若手記者が手分けして原稿に書き起こし、大きなスペースを割いて掲載した。

そんな中、社会地域報道部の長田は、ある情報の取材に動いていた。演習場近くの二つの自治会がそれぞ

れ、数日前までに役員会を開き、配備計画に反対する意向を固めたというものだった。

住宅街を回り、それぞれの自治会長を訪ねると、いずれも事実を認めた。これまで、市民団体が配備反対を打ち出す動きはあったが、特定の政治色を持たない地元自治会が組織として配備反対を決定したとなれば、その意味合いは大きい。23日付の1面トップに記事は掲載された。

イージス・アショア配備問題／近隣町内、初の反対意向／2200人居住、「なぜ最適地か」

地上配備型迎撃ミサイルシステム「イージス・アショア」を秋田市の陸上自衛隊新屋演習場に配備する計画を巡り、演習場近隣の松美ガ丘北町、勝平台の両町内会が今月中旬までに、それぞれの役員会で反対の意向を固めた。両町内には秋田商業高校と勝平小学校が立地。構成世帯数はともに市内の町内会でトップクラスで、計約900世帯、2200人が居住する。配備計画に対しては市民団体が反対を求める要望書を県や市に提出しているが、演習場近くの町内会が意思表示するのは初めて。

松美ガ丘北町町内会には約400世帯、約千人が暮らす。町内にある勝平小は演習場の南約550メートルに位置する。児童数は646人（5月1日現在）で、市内41小学校のうち3番目の規模。町内会長の長谷部一さん（70）は「ここは子どもたちの元気な声が聞こえる暮らしやすいところ。住宅が密集し学校もある地域が、なぜ最適地と言えるのか」と指摘する。

町内会は今月14日に役員会を開催。会長ら7人が、イージス・アショア配備の是非を協議した。

長谷部さんによると、各役員は「攻撃の標的となる可能性が拭えず不安だ」「住民生活にどれだけ影響が出るのか、これまでの防衛省の説明では分からない」「賛成する理由がない」などと住民の声を伝え、反対の立場を取ることで全員が一致した。

勝平台町内会は演習場のすぐ南側にある。300メートルほど離れた場所に住宅や秋田商高があり、約500世帯、約1200人が暮らす。今月8日、町内会の班長や役員計31人による合同役員会を開催。町内会長の五十嵐正弘さん(70)は「演習場からあまりに近く、防衛省は住民を第一に考えていない。勝平台町内会としての意見は反対でまとまった」と話した。

防衛省が県と市の質問に回答した文書について、長谷部さんは「電磁波に加え、ミサイル発射時の影響も出ないという根拠として1平方キロの広さを挙げているが、具体的な記載がなく信ぴょう性を欠く」と話した。五十嵐さんは「何をもって地元の理解を得たとするのかとの問いにきちんと答えていない。不信感は増した」と非難。「同じ判断をする町内会が続いてくれれば」と続けた。

演習場周辺の16町内でつくる新屋勝平地区振興会は25日に臨時理事会を開き、配備計画に対する意見交換を行う。長谷部さんと五十嵐さんはその場で反対を表明する考えで、振興会としてどのような立場を示すかの協議も進めたいとしている。

(2018年7月23日付1面)

7月30日の定例知事会見では、佐竹が「配備を決めたのは首相だ。全省庁が速やかにそれぞれが所管する(土地の)データを突き合わせれば、もっといい所があるかもしれない」と述べ、自衛隊施設に限らず全ての国有地を対象に候補地を再検討すべきだとの考えを示した。

住民への説明会は8月18、19日にも開かれ、住民から「計画撤回を」という強い拒否感が示された。

知事、市長、議会、そして住民。配備計画への反発が、少しずつ広がりをみせていった。

第3章 挑戦

2018.7〜10

イージス・アショアが配備されている
東ヨーロッパに記者が飛んだ。
体当たりの挑戦で、いろいろな景色が見えてきた。

■行くしかない

「ルーマニアに行くしかないんじゃないか」

２０１７年11月、秋田と山口へのイージス・アショア配備計画が明らかになってからまもなく、政治経済部長の泉一志が部員にたびたびこう話すようになった。ルーマニアといえば、イージス・アショアが実戦稼働している世界で唯一の国だ。基地は米軍が運営している。

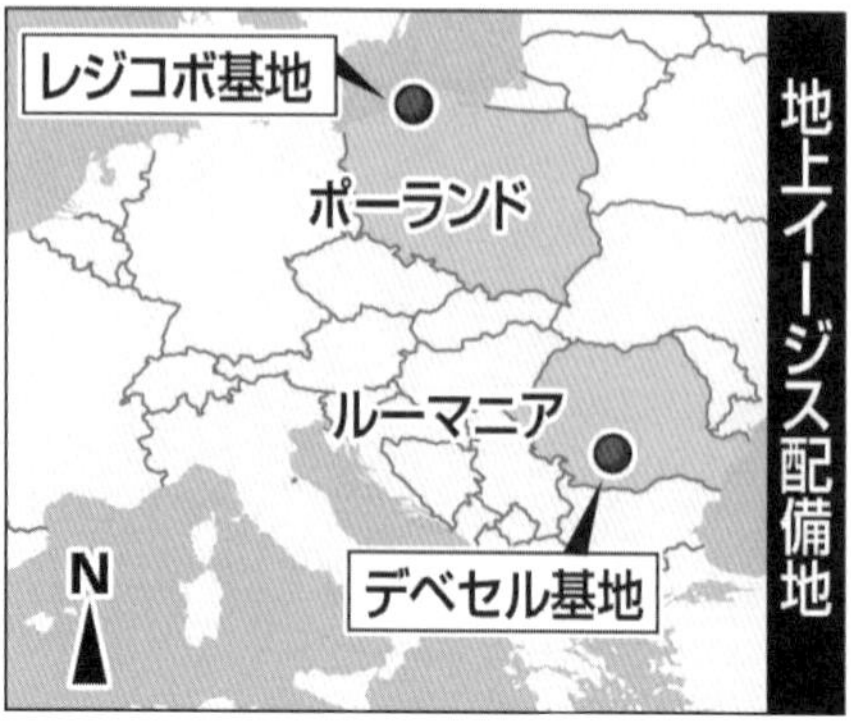

ルーマニアとポーランドのイージス・アショア配備地

地方紙である秋田魁新報の記者にとって、海外取材はそう何度も経験できることではない。年に何度かは記者が海外に取材に出向くことがあるが、その多くは県内の経済団体や首長らの視察に同行し、視察内容や渡航先の現状をリポートする形式である。ある特定のニュースを追うために記者が独自に取材先を開拓し、アポイントを取り、旅程を組むというのは、ただでさえまれな海外取材の中でもさらに珍しいケースだ。

この時期、イージス・アショアがどんなものなのか、住民はおろか、記者たちもイメージできていなかった。

費用の問題や海外ネットワークの弱さから、地方紙にとって海外に取材に出向くのは簡単ではないが、百聞は一見にしかずの価値が現場にはある。泉としては「やれることは何でもやろう」という基本方針の延長線上にルーマニアを見ていた。編集局長の鐙隆千代（62）も同じ考えで、計画を後押しした。

政治班サブキャップで、配備計画の浮上を機に安保・防衛担当を命じられた石塚健悟は、泉の提案を聞いた当初、何のつてもない中で海外取材をうまく組めるのか疑問はあったが「これは本気で言っている」とも感じた。頭にあったのは入社１年目の２００７年、当時経済デスクの泉から教えられた二つの言葉だ。

「鳥の目、虫の目、庶民の目」

「瞬発力、想像力、展開力」

当時、泉はこれらをプリントアウトし、石塚の卓上の電話機にセロハンテープでぺたぺたと貼った。

前者は事象を前にしての取材姿勢だ。起きた事象を行政全体の動きや全県、全国、世界での位置づけに当てはめてニュースバリューを判断する鳥の目のような俯瞰（ふかん）した視点。細部まで詰めて問題点や記事としての突破口を見極める虫の目のような現場取材の視点。それらの情報を手に何をどう書くのかを庶民感覚で考える視点。

後者は記者としてのフットワークの使い方だ。瞬発力――現場があればすぐさま飛び込み、証言をかき集める。想像力――ある事象が起きればどこにどんな影響が及ぶのか思考する。展開力

――上記二つを総合し、何をどう書いていけるか紙面展開のイメージを膨らませる。
海外渡航となるとハードルは高くなりがちだが、イージス・アショアという問題のスケールを踏まえてこの鉄則に当てはめれば、素直に必要な取材だと受け止められた。

■足掛かり

年が明けて2018年2月上旬、英語力を買われ泉の指示を受けた社会地域報道部の飯牟礼克年(25)が、米海軍第6艦隊の広報担当者に取材依頼のメールを送った。その返答が来たのが4月に入ってから。

「今、デベセルの基地と訪問がいつがいいか調整している。今のところ、早くて5月末。訪問するに当たり、次の質問に答えてほしい。
・通訳も連れてくるのか?
・基地のどの施設を見学したいのか? 細かく指定してほしい。
・見学する人の名前、国籍、市民権がある国、パスポート情報などについて教えてほしい。
最後に、イージス・アショア施設の内部には入ることはできないことを留意してほしい」

遠く、おぼろげな存在だったルーマニアがぐっと近づいたことを感じさせる内容だった。石塚は米軍とのやりとりを引き継ぎ、日程調整を進めることにした。

6月に入ると、防衛政務官の来県に始まり、初めての住民説明会や防衛大臣の来県など、防衛省の動きが慌ただしくなった。石塚は、7月中に訪問できればと考え、米軍の担当者に改めて取材依頼のメールを送った。辞書を引きながら、つたない英文を作った。

「イージス・アショアのレーダーやデッキハウスを見学したい。写真も撮りたい。基地概要について、インタビューもしたいと考えている」

返事が来ないまま1週間、2週間が過ぎ、諦めの気持ちが強くなってきた7月17日、返事が届いた。

「返信が遅くなり申し訳ない。訪問はいつがいいかこちらで検討しているところだ」

メールには、基地取材に必要な日数に関する助言まで添えられていた。

「取材する際は基地で丸一日過ごすことを勧める。基地のあるデベセルは、首都ブカレストから車で4時間かかる。取材前後の移動を含めて3日間は必要だ」

メールを受けて石塚は、泉の後任として4月に政治経済部長となった山影寿士に状況を報告した。

山影は泉からの引き継ぎで「ルーマニアに行かせられるよう、環境を整えなければならない」と聞かされていた。山影自身、配備地を直接取材するのは地元紙として挑戦すべきことだと考えていた。山影は、石塚に取材計画案をまとめるよう指示した。

■不安を抱えた出発

7月20日以降、石塚は取材日程を詰めるため米軍の広報担当者と毎日のようにメールのやりとりを続けた。同時に進めなければならないのが通訳の手配。地元行政機関や地域住民にインタビューすることも考えれば、日本語と英語、ルーマニア語ができる通訳が必要だ。

インターネット上で、現地在住の通訳を紹介する業者がいくつか見つかった。

都内の業者に電話して見積もりを取ると、基地内での7時間の通訳業務に前後1日ずつを含めて20万円近い。現地住民へのインタビューや現地の案内を含めるとさらに数十万円かかり、宿泊費と交通費が別途必要とのことだった。

ためらううち、取材日の提案が米軍側からあった。「9月13日はどうか。この日なら司令官もインタビューに答えられる」

通訳は決まっていないが、日程は早く決めてしまいたい。先方の要請に応じ、誕生日、パスポート番号と期限、パスポートの個人情報部分を写した写真をメールで送った。個人情報を他国の一組織に渡すのは、抵抗感がないわけではなかった。

通訳は、首都ブカレストに事務所を置く現地の旅行会社に依頼した。日本人スタッフもおり、ホームページでは日本人向けツアーの企画もしている会社だった。メールでやりとりすると、ルーマニア人スタッフから素早く正確な日本語で返信が来た。相当な日本語力があることがうかがえた。

難航していたデベセル村当局への取材依頼も、旅行会社が間に入って調整してくれた。ブカレストからデベセルまで通訳が車で乗せていってくれることも決まった。この旅行会社とつながることができたのは、まるでつてのない取材を順調に進める上で大きな後押しとなった。

日本からルーマニアへの直行便はなく、ポーランド航空でワルシャワを経由する。ポーランドでは米軍がイージス・アショアの配備を進めており、こちらも取材する予定だったので好都合だった。前半でルーマニア、後半にポーランドを取材する計画が固まった。

米軍側とのやりとりが始まってから約7カ月。石塚は9月10日、成田空港から10日間の東欧取材に出発した。計画通り進むかどうか、不安を抱えたままの海外取材が始まった。

■村長インタビュー

通訳のアンドレイ・ネアグ（34）の車が、ブカレストから西に延びる国道6号を走る。広大な農地が視界に広がり、時折、くたびれた雰囲気のドライブインが道路に面して立つ。収穫物を載せた馬車と何度もすれ違う。

「ブカレストを離れれば、まだ貧しい地域が多いんですよ」

日本人と変わらないきれいな発音でネアグが話す。外交官である父の仕事の関係で、小学4年から高校卒業までを日本で過ごした。英語も流ちょうで、通訳の能力としては文句なしだった。

デベセル基地周辺の衛星画像

ルーマニア取材初日となる9月12日。まずはイージス・アショアを外から眺め、その後、地元のデベセル村に向かう予定を組んだ。

ブカレストを出発して約3時間、車は左折し、国道54号をブルガリア国境方面へ南下する。地図で確認したところでは、国道沿いの左手に「イージス・アショア・ルーマニア」の基地があるはずだ。

ほどなく、広大な野原と農地が広がる先に、四角い灰色の建造物がうっすらと見えた。車を止めてもらい、一眼レフカメラの450ミリ相当レンズでのぞく。ファインダーの中に見えたのは、これまで防衛省の資料などで何度も目にしたイージス・アショアのデッキハウスだった。

肉眼でもなんとか見えるが、国道からはその

デベセル村役場の庁舎

存在をあまり感じさせない距離感だ。石塚は写真と動画をいくつか撮影し、国道西側のデベセル村へと向かった。

取材は副村長が応じる予定だったが、たまたまイオン・アリマン村長が在庁しているということで、急きょアリマン村長にインタビューすることになった。

――地元にイージス・アショアが配備されたことをどう受け止めているか。

「基地ができたことでアメリカの金がここに落ちた。道路の設備がよくなったし、下水も徐々に整備されるようになった」

――危険性などへの懸念はないのか。

「このシステムが設置されたことで、この村の攻撃される確率が減ったとは言えない。攻撃される可能性があるのは当たり前だ。ただ、この地域としては総合的に配備されてよかった」

攻撃する意図を持った国にとって、イージス・アショアは標的となる恐れがある。そうした懸念は認識しながら、配備に伴う恩恵の方をより重視したということだ。

村内で何人かの住民にインタビューを試みると、危険性への懸念はほとんどなく、恩恵をありがたがる声が圧倒的だった。

道路、病院、学校、ガス。基礎的な施設やインフラが、米軍が来たことで整備された。住民の多くが、ガスや電気ではなくまきで炊事しているこの村では、配備に伴う目に見える生活環境の向上が支持されたようだった。

石塚は、一枚の画像をアリマン村長に示した。新屋周辺を写したグーグルアースの衛星写真だ。住宅地や学校が新屋演習場と近接していることが一目でわかる。

「日本国民が懸念するのもわからなくはない」。村長はそう言い、新屋の住民が抱える不安に理解を示した。

石塚は思った。デベセル村と異なり、新屋住民は配備による恩恵がなにがしかあったとしても、それで生活水準が大きく向上するような状況にはない。住民の理解を得ながら配備を進めるのがいかに困難か、考えればすぐにわかりそうなものだ。防衛省は配備候補地選定の過程で、住宅地との距離感をどれほど重要視したのだろうか――。

■基地の中へ

9月13日午前8時。石塚とネアグは、イージス・アショアのあるデベセル基地の入り口に到着した。この日は、丸一日かけて基地内を取材する予定だ。

基地の面積は9ヘクタールにおよぶ。外周をルーマニア軍が管理し、中心部に米軍が駐留する。イージス・アショアとしての基地機能は、さらにその中にあり、関門が3重に設けられている。これまで何通もメールをやりとりした米海軍のメディア担当ティモシー・ピートラックが出迎え、石塚とネアグを案内した。

入り口の関門では、軍人がにらみをきかせている。一通り荷物のチェックを受けて通過すると、ピートラックの車に乗り換え、今度は米軍の関門に向かう。ここでもチェックを受ける。軍人が、小銃を抱えてにらみをきかせている。また車に乗り込み、デッキハウスに近づく。敷地の広大さを肌で感じる。

石塚は帰国後にまとめた12回の連載ルポの1回目で、その状況を次のように記した。

地上イージスは、ルーマニア陸軍のデベセル基地内にある米軍基地に配備されている。車が国道から外れ、デベセル基地の入り口に至る脇道に入ると、ヤギ数十匹が草をはんでいた。基地まで約

国道からデベセル基地に向かう途中の放牧地

1キロのこの道は放牧地に囲まれている。道路に寝そべっていた牧羊犬が、記者が乗った車の接近に跳び起き、併走してほえ続けた。

デベセル基地の環境は、本県の配備候補地とあまりに異なっていた。

新屋演習場は、1万3千人が住む住宅地や秋田商業高校、勝平小、中学校に近接する。敷地境界に沿うように延びる国道7号は、1日1万7千台が通過する主要道路だ。日本政府はこうした生活圏に、約1平方キロの面積を要するという迎撃ミサイルシステムを配備しようとしている。

これに対し、米軍が地上イージスを配備したルーマニアのデベセル基地は、人里離れた場所にある。しかも、その基地は、約9平方キロに及ぶ広大なルーマニア軍基地内の米軍基地の中にある。地上イージスの司令官であっても、施設に近づくには3重の厳重なセキュリティーチェックを受けなければならない。

（2018年9月26日付1面）

記事の結びは、イージス・アショアが置かれたデッキハウスの前に着いた時、司令官が口にした言葉を引いた。

「ここが基地の中の、基地の中の、基地だ」

レーダーやオペレーション室がある
イージス・アショアのデッキハウス

距離的にも、警備の堅さからも、農地と原野が広がる周囲の環境面からも、ルーマニアのイージス・アショアが生活圏と隔絶されていることを感じさせる一言だった。

基地の取材では、レーダーや指令システムを備え、弾道ミサイル防衛の中核であるデッキハウスの内部に入ることができた。金属質の床や壁、天井に囲まれた内部は、どこかの工場のようだ。1階には司令官の部屋や会議室があり、階段を上った先にミサイルの探知・発射をつかさどるオペレーション室がある。

オペレーション室に報道関係者が入るのは初めてだという。

暗い部屋の壁にさまざまなモニターが映し出され、その画面に向き合うようにコンピューターを置いた机が並ぶ。隊員たちは比較的落ち着いた様子で任務に就いていた。

基地の周辺も車で見て回った。180メートルほどの間隔でミサイル発射装置が配置され、周辺には避雷針が立つ。落雷による爆発と、それによる誘爆を防ぐための分散配置という。有事でない今は沈黙しているかのような基地だが、大気圏外までミサイルを押し上げる燃料が貯蔵されているのは、厳然たる事実だ。

実際に弾道ミサイルを迎撃するとなれば、発射された迎撃ミサイルからはブースターが地上に落下する。これだけ広大な敷地であれば、周辺の人里には影響が及ばなそうなものだが、イージス・アショア基地のアクセル・シュタイナー司令官は、絶対の安全ではないと指摘した。

「統計に基づく落下予測はあるが、100パーセント想定の範囲内に収まるとは言えない。最も確実な安全策は、基地の周りに住宅を造らないことだ」

地元メディアは、この問題とどう向き合っているのか。翌9月14日、ブカレストから北へ約40キロにあるスラティナに向かった。デベセルを含むオルト県の県都で、地元紙「ガゼタ・オルテュルイ」の事務所がある。

オーナー兼編集局長のパウル・ドブレスク（67）が、地元の祭りの取材のかたわら、取材に応じてくれることになった。祭り会場にある食堂の奥の部屋で、石塚はドブレスクとソファに並んだ。

ドブレスクは、地元紙としては唯々諾々と政府の方針を受け入れるのではなく、配備に伴うリスクがないか、必要な装備なのか、疑問を呈しながら報道していると説明した。デベセル基地に関しては、経済的利点や生活環境の向上が優先され、配備の適正さが十分に検証されなかったという問題意識を持っているという。

石塚は、ここでも新屋の衛星写真を見せた。ドブレスクは言った。

「こんな近くに学校があるのは信じられない。ルーマニア国民だったら、受け入れられない。反乱を起こすことになるだろう」

180メートルほどの間隔で設置されているミサイル発射装置。周囲に避雷針が立つ

■助っ人

9月16日、ルーマニアで3日間の取材を終えた石塚は、ポーランドのワルシャワショパン空港で日本からの到着便を待っていた。取材協力者との待ち合わせのためである。やがて、一人の男がスーツケースを引きながら現れ、笑顔で手を上げた。

秋田県大仙市に住むマイケル・タベルスキ（36）。ポーランド出身で、母国で知り合った大仙市出身の女性との結婚を機に2003年に来県。現在は「ポルミート」というブランドでソーセージなどの食肉加工業を手掛ける。「んだす、んだす」と秋田弁を操り、生まれ年を聞かれれば元号で答える男だ。

取材計画を練る中で、石塚はイージス・アショアの建設が進むポーランド取材も旅程に加えるべく検討を重ねた。だが、地元行政機関には連絡すら取れず、主要都市から現場までの交通手段もわからない状況だった。安心して任せられる通訳も見つけられずにいた。

誰か頼れる人はいないかと考え、思いついたのが、異色の経歴で秋田魁新報の紙面にも何度か登場したことのあるタベルスキだった。7月、石塚は取材の突破口をつかもうと、大仙市のタベルスキ宅を訪ねた。

タベルスキが語るには、ポーランドは自分でも戸惑うほど公共交通機関の路線が複雑なのだという。タベルスキは、土地勘がない中での単独渡航はリスクが大きいと忠告し、「もし仕事の都合が合えば、通訳と運転と道案内を兼ねて私が同行してもいい」と提案した。

石塚は本社に戻り、部長の山影に相談。山影も「費用の問題はあるが、タベルスキさんが同行してくれればそれが一番安心できる」と応じた。タベルスキの渡航費や宿泊費を負担したとしても、現地で通訳や運転手を雇えば同等の費用が見込まれる。それならば、日本語力も折り紙付きで、現地でレンタカーの運転もしてくれて、何よりも同じ秋田県民で安心感のあるタベルスキを頼るのが、最良の選択だった。

タベルスキはさっそく、地元行政機関に直接電話をかけ、旅程に合う日取りでアポイントを取ってくれた。石塚はタベルスキの協力に感謝しつつ、申し訳ない思いも感じていた。この問題の取材に協力することが、秋田で会社経営に奮闘するタベルスキにとってマイナスにならないかと案じたからだ。

住民の不安に寄り添い、疑問点を防衛省にぶつけていく報道を続ける中で、秋田魁新報に対しては「配備反対派」という見方をする向きがすでに生まれていた。石塚自身、政府与党系の議員から「偏っている」「公正な報道をしてもらいたい」と言われたことがあった。配備計画に対して住民が現に不安に感じ、疑問点や問題点があるうちは批判的、検証的な姿勢を保つのが報道機関の当然のあり方だと信じているが、取材協力者に迷惑が及ぶようであれば、それは本意ではない。

配備問題への是非とは無関係に、純粋な親切心から協力を申し出たのがタベルスキの立場だった。恐縮する石塚にタベルスキは言った。

「困ってる時、みなさんの役に立つことが、私が秋田に来た意味になる」

■薄れる関心

イージス・アショアの建設が進むレジコボ基地は、ポーランド北部にある。首都ワルシャワから北西へ約360キロ。国内線で北部の主要都市グダニスクに移動してから、レンタカーで約100キロの道のりを走る。初めての道程も、タベルスキの存在が石塚に安心感を与えていた。

9月17日午後、レジコボ基地の近くで車を降りた石塚とタベルスキは、基地入り口の門に向かって歩いた。門の中には工事車両が見え、作業員が出入りしている。カメラを向けると、小銃を抱えたポーランド軍人が門の内側から2人をじっとにらんだ。

基地周辺は、入り口の目と鼻の先に団地が立ち、基地境界から500メートルほどの位置に小学校がある。新屋演習場周辺のような住宅地ではないが、生活圏と言えるようなエリアだ。基地を取り囲むように遊歩道が整備され、石塚が写真撮影している間も小学生くらいの子ども2人が談笑しながら前を通り過ぎていった。

レジコボ基地はもともと空軍基地で、周辺にある団地はかつて基地に勤務する軍人たち向けの宿舎だった。今でこそ一般市民も暮らしているというが、団地の空き地には軍用機が複数展示されており、軍事色の強さを感じさせた。

スウプスク
レジコボ基地
N
1km
©Google

レジコボ基地周辺の衛星画像

石塚は、道行く人に手当たり次第、タベルスキを通して声を掛けた。

「日本の新聞社がイージス・アショアの取材に来ている。話を聞かせてほしい」

高齢男性や主婦、学生らが少しだけ取材に応じた。しかし「ゲートの奥のことは関係ない」「基地内のことは知らない」という返事が多い。多くは、配備の賛否自体どう考えているのかわからなかった。答えてくれた中では、子ども連れの30代女性が「レーダーが発する電波の健康影響が怖い。できれば配備しないでほしい」。高齢男性が「国を守るためには当然必要だ」とそれぞれ語った。

街頭取材を進める中で、石塚は住民の関心の薄さを感じた。

イージス・アショア建設が
進むレジコボ基地の入り口

ポーランドでのイージス・アショア配備計画は、ブッシュ政権時代の2007年にさかのぼる。当初は、チェコにレーダー、ポーランドに迎撃ミサイルを分散して配備する構想だった。2009年にオバマ政権に代わると、この計画は白紙に戻され、ルーマニアとポーランドにイージス・アショアを配備する計画に変わった。

基地取材に先立ち、この日の午前に石塚とタベルスキは地元行政機関であるグミナ・スウプスクの長、バーバラ・ディキエルを訪ねた。ディキエルらによると、ミサイル基地が置かれる可能性が浮上した2007年、市民の中には基地前でデモを行うなど活発に行動する人たちがいた。しかし、時間の経過とともにそうした活動は下火になっていったという。ディキエルは「今はデモをする人がいない。仕方がないという感じだ」と説明した。

翌18日、今度はグミナ・スウプスクと隣接するスウプスク市の副市長マレック・ビエルナツキを取材した。同市は配備の可能性が浮上した当時、周辺の建築制限などで経済的な損失が発生するとして、配備に対し反対の立場だった。その後の市民の受け止めについて、ビエルナツキは「配備までのプロセスが長く、市民が慣れてしまった」と話した。

時間の経過に伴い問題意識が薄れていくのは、どこにでも起こり得る話だと石塚は思った。配備計画に反対する地元住民団体のアレクサンダー・ヤツェックは、配備に伴い隣国ロシアに敵視されることと、レーダーが発する電波がどのような影響を及ぼすかわからないことを、反対する理由に挙げた。特に、ロシアの視線をヤツェックは強調した。

石塚は連載ルポの最終回を「避けられぬ脅威の応酬」という見出しで次のようにまとめた。

ロシアはポーランドにも目を光らせる。ポーランドと国境を接する西端の飛び地カリーニングラード州で近年、軍事力の増強を進めている。2016年、プーチン大統領は米国が主導する欧州での地上イージス配備に「対抗措置を講じざるを得ない」と発言。その後、ロシアは同州で大規模軍事演習を実施し、今年に入りポーランドを射程に収める戦術ミサイル「イスカンデル」を同州に持ち込んだと表明した。地上イージス配備地のスウプスクとは約200キロの距離だ。

スウプスクの地元紙「グオス・ジェンニック・ポモジャ」のクシシェトフ・ナウエンチ編集長は「ロ

人が行き交うスウプスク市内。イージス・アショア配備への関心は薄れつつある

シアの将軍は『スウプスクを狙う』と発言し、市民を不安に陥れた」と明かす。ロシアだけでなく、日本への地上イージス配備を懸念する中国のメディアも取材に訪れているという。

（2018年10月7日付3面）

どこにでもある田舎の一地域が、国の軍事・防衛拠点になることで、他国から注目されることになる――。新屋への配備計画を念頭に置けば、その不気味さはひとごとではなかった。

イージス・アショアが仮に新屋へ配備されれば、地域住民はそうした不安や懸念とともに暮らしていくことになる。そこに地元メディアが注目しなくなれば、配備地から離れた場所に暮らす人々にとって、そうした住民の思いは存在しないものになってしまいかねない。

「メディアが配備を批判的に報じない」。住民団体のヤツェックの嘆きが、石塚の耳に残った。

■頑張って

乗り物に弱い石塚は、酔い止めの薬を毎日服用した。おかげで乗り物酔いに悩まされることはなかったが、ふとした瞬間に頭がぼんやりするような感覚が頻繁に襲ってきた。肉中心の食事ということもあってか、終盤は胃の痛みにも悩まされた。

ポーランド北部の主要都市グダニスクに戻った18日夜も体調は優れなかったが、ホテルの部屋でパソコンを開き、一連の取材を振り返ってみた。

取材の中で、いくつかの疑問点や課題は見えた。そのトピックを書き出した。

・ルーマニアの配備地は広大で、人里から遠く離れていた。
・基地は３重の警備で堅固な態勢だった。
・ミサイルは落雷などで爆発、誘爆する恐れがある。
・ブースター落下の恐れがある。落ちる先はコントロールしきれない。

・ルーマニアの配備地周辺は、インフラ整備という配備受け入れの利点があった。
・ルーマニア、ポーランドとも、配備地周辺に建築制限がかけられていた。
・配備に伴い経済損失が発生するとの試算があった。
・ポーランドでは計画の長期化で一般市民の関心が薄れつつあった。
・ロシアや中国が配備地を注視していることをうかがわせる状況があった。

驚くような新事実を突き止めたわけでも、防衛省の配備計画に鋭く切り込むような新たな視点を見いだしたわけでもない。だが、疑問点や課題とともに現地の状況を描写していけば、読者の疑問に一定程度答える内容になるだろう。確かな感触が胸に浮かんできた。

帰国後、石塚は政治経済部長の山影、デスクの小川顕と話し合い、12回の連載ルポ「配備地を歩く―東欧の地上イージス」のプロットをまとめた。

先行配備地という自分たちにとっても読者にとっても未知の情報を、紙面を通じて既知のものにしていく。小川は、「なかなかチャレンジングな仕事だ」と感じながら、石塚の原稿を手直ししていった。初回の掲載は、帰国から6日たった9月26日。1面に掲載した記事の見出しは「敷地広大、人里遠く／3重構造、厳重な警備」となった。

小川と石塚が連載の原稿を連日出稿し続ける中、思わぬ反響が東京であった。

9月28日夜、社会地域報道部長への異動を控えた東京支社編集部長の中田貴彦が荷造りをしていると、一人の女性が支社を訪ねてきた。「東欧のルポが載った新聞を買いたい」とのことだった。女性は3日分の掲載紙を買い、「全国でイージス・アショアの問題をこれだけ書いているのはさきがけだけですよね。頑張ってください」と言い残していった。夜の東京支社で、中田は一人、

敷地広大 人里遠く

3重構造、厳重な警備

ルーマニア デベセル基地 ①

配備地を歩く　ルポ 東欧の地上イージス　1

政府が秋田市の陸上自衛隊新屋演習場と山口県の陸自むつみ演習場に配備を目指す地上配備型迎撃ミサイルシステム「イージス・アショア」（地上イージス）に対し、地元住民から不安の声が上がっている。地上イージスはそもそもどのような施設なのか。配備に伴い生活にどんな影響があるのか、安全性は―。今月中旬、既に米軍の地上イージスが配備されているルーマニア、配備が進むポーランドを訪ね、現地の状況を探った。（石塚健悟）

■地上イージス関連記事3面

ルーマニアの国道54号から見える地上イージス（450ミリ相当の望遠レンズで撮影）

ルーマニアの首都ブカレストから車で2時間半。人口約3150人のデベセル村の周辺に広がるのは広大な原野と農地ばかり。建物は見当たらない。時折すれ違う対向車が、ものすごいスピードで遠ざかっていく。

国道54号を南下し、村に近づくと、東方に角張った灰色の建築物が地平線にぼんやりと頭を出していた。車を止め、望遠レンズを付けたカメラでのぞいてみる。船体の上部を切り出したような金属質の壁面。現在、世界で唯一、実戦配備されている地上イージスだ。

地上イージスは、ルーマニア陸軍のデベセル基地内にある米軍基地に配備されている。車が国道から外れ、デベセル基地の入り口に至る脇道に入ると、ヤギ数十匹が草をはんでいた。基地まで約1キロのこの道は放牧地に囲まれている。道路に寝そべっていた牧羊犬が、記者が乗った車の接近に跳び起き、併走してほえ続けた。

デベセル基地の環境は、本県の配備候補地とあまりに異なっていた。

新屋演習場は、1万3千人が住む住宅地や秋田商業高校、勝平小、中学校に近接する。敷地境界に沿うように延びる国道7号は、1日1万7千台が通過する主要道路だ。

日本政府はこうした生活圏に、約1平方キロの面積を要するという迎撃ミサイルシステムを配備しようとしている。

これに対し、米軍が地上イージスを配備したルーマニアのデベセル基地は、人里離れた場所にある。しかも、その基地は、約9平方キロに及ぶ広大なルーマニア軍基地内の米軍基地の中にある。

地上イージスの司令官であっても、施設に近づくには3重の厳重なセキュリティーチェックを受けなければならない。

ルーマニア軍が警備する外周の関門前で車を降りると、程なく米軍の広報担当者が姿を現した。あいさつを交わした後、こう忠告してきた。「警備上、ルーマニア軍敷地内での写真撮影はしないように。ゲートの撮影も駄目だ」

警備兵にパスポートを提示し、ルーマニア軍の敷地に入る。パソコンやカメラなど持ち物は全てチェックを受ける。その先にある米軍基地の関門では、小銃を抱えた迷彩服姿の米軍兵数人ににらまれながらチェックを受けた。

米軍基地内に入ると、あの灰色の建築物、地上イージスの中核となるデッキハウスがすぐ前方に見えた。レーダーのあるデッキハウスやミサイル発射装置など、地上イージスの構成品は柵で囲まれた敷地内にあり、その中に入るにはさらにもう一つの関門を通らなければならない。

「カメラ、ICレコーダーは置いていくように」。警備兵に言われ、ノートとペンだけを手に、三つ目の関門を通過。ようやくデッキハウス前にたどり着くと、地上イージスのアクセル・シュタイナー司令官が口にした。

「ここが基地の中の、基地の中の、基地だ」

2018年9月26日付1面に掲載された連載
「配備地を歩く―東欧の地上イージス」の初回

「これは力を入れてやらなければならないな」と感じた。

第4章

展開

2019.1～5

配備計画を検証する長期連載
「盾は何を守るのか」の掲載が始まった。
報道内容は多角的な展開を見せていった。

■違和感

2018年7月10日夜、統合編集本部長の佐川博之に連れられ、社会地域報道部編集委員の松川敦志は、秋田市内の居酒屋にいた。ツキノワグマの大量出没をめぐって前月まで8カ月間続けた連載の慰労だった。

次はどんなテーマに取り組むかという話題になったとき、松川は、イージス・アショアの配備計画について、日米間の安全保障関係に視野を広げて問題点を探る長期連載ができないか考えていると口にした。

「おもしろい」。佐川は即答した。「安全保障は大事なテーマだ。やってみたらいいじゃないか」

前年11月に表面化した秋田市への配備計画は、松川にとって当初から違和感の拭えないものだった。その背景をたどると、沖縄での取材経験に行き着く。

他社への移籍が珍しくないマスコミ業界にあっても、松川の経歴は異色だ。

1996年に入社し、6年余り勤務した後に退社して朝日新聞社に転職。東京社会部や那覇総局で13年余り働いた後、2016年に実家の両親の事情で秋田に戻ることになり、那覇総局長を最後に朝日を辞めて秋田魁新報社に再入社。「出戻り記者」として歩み始めた翌年に浮上したのが、イージス・アショアの配備計画だった。

朝日時代、松川は計２回、４年余りの沖縄勤務を経験している。日本国内に存在する米軍専用施設の７割が集中する沖縄では、米軍普天間飛行場の移設計画をはじめとする基地問題の取材が最重要課題。そこでの経験を下敷きに、松川はイージス・アショア問題に視線を送っていた。

沖縄県の宜野湾市にある米軍普天間飛行場を、約40キロ離れた名護市辺野古に移設しようというのが、日米両政府が進める計画だ。しかし、多くの軍事基地を抱えるがためのさまざまな負担を背負い続ける沖縄にとって、それは同じ沖縄県内でのたらい回しにすぎないプランでもある。移設に反対する声は根強く、計画が進展しない状態が長く続いてきた。

そんな中で、かつてない強硬な姿勢で計画を押し進めたのが、安倍政権である。２０１２年12月の第２次政権発足以降、沖縄では▽２０１４年１月の名護市長選▽同年11月の知事選▽２０１８年９月の知事選——といった主要な選挙で移設反対を掲げる候補の当選が続いたにもかかわらず、その結果を斟酌（しんしゃく）せずに計画を前進させてきた。

その際、移設の必要性として政権が口にする常套句（じょうとうく）が、「普天間の危険性除去」だった。

普天間飛行場は、宜野湾市の中心に位置し、周囲をびっしりと市街地が取り囲む。かつて米政府高官が口にしたとされる「世界で最も危険な飛行場」という形容は決して誇張ともいえず、実際、２００４年には離陸した米軍ヘリが隣の沖縄国際大に墜落する事故まで起きている。

普天間飛行場を移設すればこうした危険性はなくなる。そのための移設計画なのだから、沖縄にとっていいことではないか——。その言いぶりは、普天間飛行場を取り巻く現状だけで見れば、それなりの説得力を持つものといえる。

しかし、この問題に向ける視野を大きく広げると、また違った光景が見えてくる。

■沖縄の歴史

かつて沖縄は、琉球という独立国だった。

日本の鎌倉時代に相当する12世紀ごろから豪族が各地を治め、1429年に統一政権が誕生。中国の歴代王朝に朝貢する冊封体制の一員として、日本や朝鮮、東南アジア諸国とも交易を重ねる独自の発展を遂げた。

現在の沖縄へと続く歩みの中では、いくつかの大きな転機があった。


1609年、薩摩藩が3千の軍勢で琉球に侵攻し、首里城を占拠。琉球は薩摩藩への貢納を義務づけられ、中国（清）と薩摩に両属する状態となる。

1879年、明治新政府が琉球に軍隊を派遣し、首里城から国王を追放。沖縄県の設置を宣言し、琉球は滅亡する。

1945年、太平洋戦争末期、米軍は日本本土攻撃のための前進基地とするため沖縄に侵攻。

日本軍は足止めのため徹底した持久戦を試み、県民の４人に１人が犠牲になったとされる凄惨な地上戦を展開する。敗戦後、連合国軍の占領下にあった日本は１９５２年に主権を回復するが、沖縄は米軍の占領が続いた。

１９７２年、沖縄が日本に復帰。しかし、占領下に米軍が置いた基地の多くはその後も沖縄に残り続ける。

米軍による占領が続いた時代、沖縄では米兵による事件や事故が繰り返し繰り返し起きた。１９５５年、石川市（当時）で米兵が６歳の女児を連れ去り、強姦（ごうかん）の末に殺害。１９５９年、石川市の宮森小学校に米軍ジェット戦闘機が墜落し、児童12人、住民６人が犠牲に。１９６３年、那覇市の軍用道路１号線で信号無視の米軍トラックに中学１年の男子生徒がはねられ死亡。運転していた米兵は米軍の軍法会議で無罪に……。

かつて独立国だった島が軍事的侵攻を受けて日本の一員となり、太平洋戦争では日本本土を守るための捨て石とされて多くの犠牲を生み、戦後は他地域より20年も長い占領状態が続く中で悲惨な事件・事故が相次ぎ、そして今も、米軍基地の多くが集中する——。こうした歩みを強いられた沖縄で１９９５年に起き、普天間飛行場移設計画の引き金となったのが、米兵３人による少女暴行事件だった。

１９９５年９月４日、沖縄本島北部の住宅地で、買い物帰りの小学生女児（12）を３人の米兵が拉致。車で連れ去って強姦する事件が起きた。

沖縄県警は、関与したとみられる米兵を特定し、3日後に逮捕状を請求したが、日本における米軍の地位や権限を定めた「日米地位協定」が壁となり、米軍基地内にいる容疑者を逮捕できない状況が続く。県民の間では反基地感情のうねりがかつてない高まりを見せ、県議会や各地の市町村議会が米軍への抗議を決議。10月21日には事件に抗議する大規模な集会が宜野湾市で開かれ、主催者発表で8万5千人が参加。米軍基地の整理・縮小や地位協定見直しを訴える声が高まった。

こうした情勢を受け、日米両政府はこの問題に対処するための協議の場として「沖縄に関する特別行動委員会」（SACO）を設置。沖縄にある米軍基地の整理・統合・縮小の検討に着手する。そうした中、1996年4月12日に日米両政府が合意事項として発表したのが、普天間飛行場を5～7年以内に日本側へ全面返還するという計画だった。ただし、それは、普天間飛行場の代わりとなる軍事施設を県内に設けるという条件つきのものだった。

このように、沖縄が歩んだ歴史の中に普天間飛行場の移設問題を位置づければ、その原点は安倍政権がいうような「普天間の危険性除去」にあるわけではなく、在沖米兵が起こした1995年の少女暴行事件を機に、沖縄における米軍のプレゼンスを維持しつつ県民の怒りを静めるための弥縫（びほう）策として打ち出されたものだったことが明らかだろう。

しかし、政府が提示するような限定的な図式で見てしまえば、移設問題の本質は見えにくいものとなってしまう。長く続く移設問題に対し、沖縄県外からの関心が薄れゆき、沖縄の人々に「非国民」などという言葉すら浴びせる者が現れる大きな理由がそこにあると、松川は考えてきた。

■避難訓練

２０１７年３月17日、秋田県男鹿市の北浦集落で、政府主催の避難訓練が行われた。弾道ミサイルの着弾を想定して全国で初めて行う訓練だという触れ込みに興味を覚え、松川は取材に行った。

秋田市から車で１時間半ほど走り、会場の北浦公民館に着くと、周辺には、ポリ袋や竹ぼうきを手にした高齢者40人余りが手持ちぶさたな様子でたたずんでいた。事前に市役所から依頼された「避難役」だった。

午前９時、ハンドマイクを手にした県職員が「予行練習を実施いたします」と呼び掛けると、高齢者らは一斉に落ち葉拾いを始めた。

まもなく、防災行政無線のスピーカーから「訓練、訓練、訓練、ミサイル発射情報。先ほどミサイルが発射されたもようです」という声が流れた。

職員がハンドマイクで続ける。「この最初の放送では、その場で耳を傾けるということでお願いします」。数分後、スピーカーから再び声が。「訓練、訓練、屋内に避難してください。ミサイルの一部が落下する可能性があります。屋内に避難してください」。高齢者らは歩きだし、公民

事前の予行練習通りに粛々と「避難」する参加者たち
＝2017年３月17日、男鹿市

館へ入った。

弾道ミサイルの着弾という「本番」に備えるための「避難訓練」を行うための「予行練習」が一通り終わると、県職員がハンドマイクで呼び掛けた。「それでは、５分前になりましたので配置に就いてください」。高齢者たちは30分前と同じ場所に戻り、落ち葉拾いのまねを始めた。

ウーウーーン、ウーーウーウーー。9時半すぎ、スピーカーから不気味な不協和音が流れた。他国による武力攻撃が迫ったことを告げる特殊なサイレンで、２００４年の国民保護法施行後、全国で初めて鳴らされる「国民保護サイレン」だ。高齢者らは30分前に練習した際の動きをなぞり、落ち葉の入ったポリ袋を手に、整然と公民館へ避難した。

訓練の取材には、報道機関約20社が集まった。ＣＮＮやニューヨークタイムズ、アルジャジーラなど海外メディア７社の姿もあった。記者たちは、「予行練習」に沿った動きをきまじめに演じる高齢者らの様子にこぞってカメラを向けた。

報道陣の輪の中にいながら、松川は違和感を覚え続けていた。

そもそも、核弾頭が搭載された弾道ミサイルの着弾という事態に際し、こうした「避難」がどれほどの意味を持つのか。そして、ごくわずかな住民が予行練習をそのままなぞるだけの行為に、「訓練」の効果がどれほどあるというのか。茶番にすら映るこのような催しがなぜ、突如、秋田で行われたのか――。

終了後の記者レクで、内閣府の担当者はこの点について「万が一の着弾の可能性があるとしたら、それは日本海側である可能性が高い。いろいろな事情があって秋田に決めた。決して男鹿市が危ないという意味ではない」と述べるだけだった。ふに落ちない説明だった。

松川は社会地域報道部の伊藤康仁（34）とともに、訓練の持つ意味合いを側面から取材した。

朝鮮半島問題に詳しい専門家は、韓国で１９７２年から毎年行われている大規模な訓練「民防衛」を引き合いに、「韓国の訓練では、ソウルが壊滅状態になるとしたら屋内避難しても意味がないという意識が広がっている。男鹿の訓練も、本当に被害を防ぐなら地下に避難すべきで、現実的な訓練とは捉えにくい」と語った。危機管理に詳しい大学教授は「現実感があると国民が感じそうな想定の下で訓練を行いたかったのだろう。同じような訓練を全国に広げていきたい意図も感じられる」と述べた。

翌日の社会面トップには、こうした見解とともに現場の様子を伝える「ミサイル想定訓練／シナリオ通り粛々と」という長文記事を掲載した。何らかの意図を持ったデモンストレーションを、背景を見抜けないまま自分たちは取材し、その様子を世に広める役割を果たしてしまったのではないか――。松川の胸に違和感が残り続けた。

■伏流水

男鹿で避難訓練が行われた2017年3月、イージス・アショアという存在に注目する記者は、松川を含め社内に誰もいなかった。しかし、後になって振り返ってみれば、この時期は配備に向けた動きが確かに進んでいるときでもあった。

イージス・アショアという言葉が秋田魁新報の紙面に初めて登場したのは、この年、2017年の1月14日。防衛大臣の稲田朋美が米領グアムのアンダーセン空軍基地で、米軍の最新鋭迎撃システム「高高度防衛ミサイル（THAAD）」を視察したという共同通信による短い記事だった。記事は、「北朝鮮の核・ミサイル開発を踏まえ、自衛隊のミサイル防衛強化策としてTHAAD

導入を将来的な選択肢の一つとする。防衛省は近く設置する検討委員会で迎撃能力や必要経費を精査する方針だ」「稲田氏は記者団に『ＴＨＡＡＤ導入の具体的な計画はないが、一つの選択肢として何が可能か検討したい』と述べた」と伝え、末尾で「検討委は（中略）地上配備型イージスシステム『イージス・アショア』の導入も選択肢とする」と記した。

男鹿で避難訓練が行われたのが、2カ月たった3月17日。その約2週間後の29日には、自民党の安全保障調査会が、弾道ミサイル防衛に関する政府への提言をまとめ、その中で、新たな防衛策として、ＴＨＡＡＤやイージス・アショア導入の検討加速化を要請する。

そして、4月29日には、共同通信が「地上型イージス優先導入／ミサイル迎撃態勢を拡充」という記事を配信。政府が、ＴＨＡＡＤよりもメリットが大きいとしてイージス・アショア導入の方針を固めたことを伝える記事だった。そこには、「配備には広い敷地が必要とされ、政府は北朝鮮に近い日本海側を中心に用地の選定作業を進める」という一文もあった。

続いて、8月17日には日米安全保障協議会（2プラス2）が米ワシントンで開かれ、日本側がイージス・アショアの導入を米側に説明。

さらに、9月24日には、朝日新聞が「男鹿・佐渡など政府検討」という記事を掲載する。そこでは、東日本の候補地の一つとして男鹿市にある航空自衛隊加茂分屯基地の名も盛り込まれていた。だが、この報道では他にも多くの候補地が列挙され、記事の見出しが東日本の候補地として新潟県の佐渡を挙げていたこともあり、現実味を持って受け止める空気は社内に薄かった。

そして11月、地下を流れてきた伏流水が地上に湧いて出るように、読売新聞の報道で秋田市への配備計画が表面化する。

のどに刺さった小骨のようだった男鹿での避難訓練が、弾道ミサイル防衛網の強化という大きな流れの中で見たとき、特別の意味を持って立ち現れてきた。歴史的、空間的な視野をどこまで広げて見るかで、目の前の景色はまるで違ったものに見えてくる——。沖縄での経験を通じて得た感覚が、配備問題にも光を照らしているようだった。

■三つの疑問

2018年7月、統合編集本部長の佐川に長期連載のプランを提案した翌日から、松川は問題意識を具体化していく作業に入った。ひとまず三つの柱に疑問点を整理することができた。

・なぜ、あのような場所が配備候補地とされたのか
・どのようなプロセスをへて、配備候補地の決定はなされたのか
・配備の真の目的は何なのか

いずれも、一朝一夕に答えを導き出せるような問いではない。さまざまな角度から幾度も光を当てていく中で、ようやく答えらしきものが見えてくるような性質のものだろう。ましてや、自分たちは計画の当事者である政府・防衛省に日常的にアクセスできる環境にはない。知恵を絞り、

工夫を凝らし、そのハンディを乗り越えていくしかない。

松川はノートに、「安全保障もの」と記し、それまで折に触れて書き留めてきたアイデアを書きだしてみた。「射撃訓練場誘致の頓挫」「戦闘機の低空飛行」「日本海での海自演習」「緊急着陸はなぜ」。過去に秋田で起きた防衛・安全保障問題に絡むこれらのできごとを掘り起こすことで、何か見えてくるものはないだろうか。「イージス防衛のひもとき」「防衛機密は明かされない」「公式見解にとらわれない」。視点や心構えのようなものも、どんどん書き留めていった。連載を貫く統一的な切り口を見いだすべく、考えを巡らせる日々が続いた。

■連載案

２カ月後の９月13日、社会地域報道部デスクの菊池史利（47）は、翌年に取り組む取材テーマについてメールで部内に意見を募った。締め切り日の28日、松川は次のようなメールを送った。

長期連載案「盾は何を守るのか――イージス・アショア配備計画の深層」

秋田市へのイージス・アショア配備計画について、「なぜ秋田が選ばれたのか」「何を守るためのものなのか」という疑問に立ち、その深層を追求する。

防衛省は県や秋田市とのやりとりの中で「なぜ秋田が」という疑問に対する一定の説明をしているが、説得力を欠く。日本のミサイル防衛はそもそも米国のミサイル防衛戦略と不離一体であることや、北朝鮮が日本を標的として弾道ミサイルを発射する想定が現時点では現実的ではないことなどからすれば、この計画はそもそも米国主導、米国のための配備であると推測することは不自然でない。防衛省からそうした説明はなされないことが、「なぜ秋田が」という疑問がいつまでたっても氷解しない大きな原因と考えることができる。

そうした仮説に立ちつつ、

・日米安保の歴史や米国のミサイル防衛計画の歴史を秋田からの視点で編み直す
・日米の安全保障環境の中で秋田は地政学的にどのような位置づけがなされているのかを読み解く
・イージス・アショアが守ろうとしているのは何なのか、なぜ秋田なのか、について秋田魁新報社としての見立てを提示する

といった観点からの連載記事を展開する。

未開拓の分野であり、調査報道的要素も含むため記事の量産は困難と思われるが、7~10回程度の連載を3カ月に2シリーズ前後（半年で4シリーズ前後）掲載することを目指す。

防衛システムとしての「イージス」という名は、ギリシャ神話に由来する。あらゆる災厄をはねのける能力を持つとされる盾「アイギス」を英語表記したのが「イージス」で、米海軍が戦後

開発を進めた防空システムの名称として取り入れたものだ。

しかし、いま自分たちの前に築かれようとしている「盾」は、「何から何を守るのか」がそもそもあいまいだと、松川は考えるようになっていた。

政府・防衛省は、北朝鮮のミサイル脅威を念頭に、配備の目的を「日本の国土と国民を守る」ことだと説明する。しかし、米国内での議論を調べていくと、また違った側面が見えてきた。

松川はこの取材で、かつてないほどインターネットを活用するようになっていた。特に、米国内の資料や議論を調べるのに、それは極めて有効だった。

もちろん、これまでのさまざまな取材でもインターネットは頻繁に利用してきた。しかし、「取材は足で稼ぐ」を記者の行動原則と信じる世代である松川にとって、ネット検索はあくまでも補助的な位置づけという意識が強かった。

だが、遠く隔たった米国が舞台とあっては、「足で稼ぐ」のはそもそも難しい。勢い、情報収集の大部分をネットに頼らざるを得ない。ならばむしろ、徹底的にネット空間を歩いてやろう。ネット空間に散らばった情報を足で稼いで集めて回ろう。

そうして見つけた一つの文書が、米国のシンクタンク「戦略国際問題研究所（ＣＳＩＳ）」がこの年5月に発表した「Shield of the Pacific（太平洋の盾）」というリポートだった。

世界有数のシンクタンクが名を連ね、「シンクタンク王国」と呼ばれる米国でも、このリポートを発表したＣＳＩＳは代表的な存在。かつて沖縄で米軍基地問題を取材した際にも、再三目にし、耳にした名だ。

CSISが2018年５月に発表した
リポート「太平洋の盾」

リポートは、副題を「巨大なイージス艦としての日本」としていた。かつて１９８０年代に首相の中曽根康弘が、日本列島を旧ソ連に対する日米同盟にとっての「不沈空母」と表現したのになぞらえたもので、日本によるイージス・アショアの導入が米国主導の安全保障体制にとっての「盾」になるという赤裸々な分析を、リポートはつづっていた。米国側の本音が表れていると、松川は感じた。

日本の国会にあたる米連邦議会も、ネットを通じて歩き回った。議会の仕組みを調べ、そこでの議論の詳細をどのような方法で入手できるかを調べ、過去数年分の議事録や関連書類を検索して回った。

そこで見えてきたのは、米国では数年前からイージス・アショアの日本配備に関する議論がなされ、日本政府の見解を超えた視野で配備の効果が議論されていたということだった。「日本国土と国民の防衛」という日本政府の説明は、配備計画が持つ意味合いの一部しか言い当てていない。そんな説明で押し切ろうとしているのが、政府・防衛省の姿なのではないか——。そうした疑問を表現したタイトル案が、「盾は何を守るのか」だった。

連載の提案は、報道センター長の渡辺伸也（57）ら編集幹部の了承するところとなり、取材がより本格化していった。

■あれ、アメリカです

年が明けて2019年1月5日の午後、整理部記者の細川文平（33）は、秋田魁新報3階の整理部作業スペースで、１本の原稿を読み進めていた。

社会地域報道部から届いた原稿は、松川らが用意した連載の1回目。「盾は何を守るのか／第1部・太平洋の盾」とクレジットが付され、３日後の８日付で１面と社会面に掲載する予定になっていた。

原稿を読み、適切な見出しを考案し、紙面に効果的にレイアウトする。新聞製作の最終工程に位置し、新聞という商品の出来上がりを決定づける重要な役目を受け持つのが、整理部だ。通常、整理部記者の仕事は翌日の紙面に向けた原稿が届く夕方以降の数時間が勝負となるが、細川がこの日手にした原稿は、「長期連載の初回ということで数日の余裕が設けられた珍しいケースだった。

イージス・アショアの配備問題に対し、細川は強い関心を抱いてきた。新屋演習場まで1キロほどしかない地元新聞社で働き、同時に一人の秋田市民である自分を、細川はまぎれもない配備問題の当事者だと考えていた。

沖縄の基地問題にかねて興味があり、沖縄旅行の際には米軍普天間飛行場を見に行ったこともある。周辺の住宅地とのあまりの近さに驚き、地域住民の思いに少しは触れられたような感覚を抱いてもいた。だが、いざ自分が配備問題に向き合うようになってみると、当事者としての深刻さは、想像とはまた別物だった。

そんな中で、連載初回の担当を命じられた。自分が作ったレイアウトや見出しのスタイルは、その後のシリーズでも踏襲されていくことになる。責任を感じつつ読み進める細川は、米国内の議論にも踏み込んで配備問題の本質を探ろうとする姿勢に共感した。「自分が紙面を通じて伝えたかったのは、これだ」。膝を打つような思いがしながら、しかし、整理部記者としての冷静さに努めつつ、見出しとレイアウトを考えた。

記事をストレートに読者に届けるため、レイアウト上のさまざまなテクニックはあえて封印し、シンプルなつくりに徹した。出来上がった試し刷りを社会地域報道部に届けると、松川らの反応は上々で、見出しも含めて何の修正依頼もなかった。

「あれ、アメリカです」

第1部・太平洋の盾 ❶

日本が「巨大イージス艦」に

盾は何を守るのか
イージス・アショアを問う

「あれ、全部、アメリカです」

昨年9月19日の県議会本会議。一般質問の答弁に立った佐竹敬久知事は、県議らを見渡して言った。

政府が秋田市と山口県北部への配備を目指す迎撃ミサイルシステム「イージス・アショア」（地上イージス）について、配備の目的を巡る議員とのやりとりだった。

知事は続けた。「まあ、両用。というのは常識と捉えてます」

地上イージスは、日本だけでなく米国の国防にも寄与する—。防衛省からは一度たりとも示されたことのない「両用」という見解。議員の間には困惑が広がった。

しかし、当の米国に目を向ければ、この見方は決して非常識なものではない。

ワシントンに本部を置く民間のシンクタンク「戦略国際問題研究所」（CSIS）は昨年5月、日本の地上イージス導入に関するリポートを発表した。

「米国本土を脅かすミサイルに対し、前方に配備されたレーダーの役割を果たしうる」。日本による地上イージス導入を、リポートは米国の安全保障上の利益と読み解く。

表題は「太平洋の盾—巨大なイージス艦としての日本」。太平洋の西端にある日本に地上イージスが配備されれば、米国主導の安全保障体制にとっての「盾」になるという意味合いだ。

アジア太平洋地域の国際問題を専門とする米国のオンライン雑誌「ディプロマット」は7月、地上イージス配備に対する中国の反応をテーマに、記事を掲載した。

記事は、配備に伴う高性能レーダーの設置で「中国と日本の間に新たなトゲが生じる可能性がある」と指摘。北東アジアへの最新レーダーの配備は自国の不利を招くと中国が懸念しているとして、「米国のミサイル防衛網とは無関係だと日本が説明しても、中国がそれを信じるとは考えにくい」と述べる。

一方、日本政府。

配備の必要性を説く際の説明はシンプルだ。

「北朝鮮は我が国を射程に収める弾道ミサイルを数百発保有」「国民の生命・財産を守る、純粋に防御的なシステム」（防衛省資料）

そこに提示されるのは、日本海を挟んで日本と北朝鮮が向き合うだけの構図。列島の背後に広がる太平洋、そしてその向こうに控える米国は、存在しない。

地上イージスは北朝鮮のみを対象とした純然たる国防施設なのか、それとも、米国を中心とした安全保障環境の一翼を担い、不安定な多国間関係の最前線にさらされる軍事施設なのか。その違いは、将来にわたって地元が負わされるリスクに直結する本質的な問題だ。

年の暮れも押し詰まった12月25日、年内最後の記者会見で佐竹知事は、自身も米国内の情報に目配りしていることをにじませて言った。

「アメリカでは出ている話を無視するというのはおかしい。だからストンと落ちない」

25面に続く

◇

日本で初めてとなる陸上据え置き型の迎撃ミサイル発射施設、地上イージスを秋田市に配備する計画が浮上して、1年が過ぎた。ギリシャ神話に登場する万能の防具「イージス」になぞらえた現代の盾は、何を守る存在なのか。計画の背景を探っていく。第1部「太平洋の盾」は4回続き。

（松川敦志、内田隆之、石塚健悟）

陸上自衛隊新屋演習場（奥）に隣接して広がる、秋田市の住宅街。国道7号を挟んですぐのところに秋田商業高校、演習場から600㍍以内に勝平小学校と勝平中学校がある（グーグルアースより）

2019年1月8日付1面に掲載された
連載「盾は何を守るのか」の1回目

■新屋演習場

連載「盾は何を守るのか」は、1月上旬に4回続きの第1部「太平洋の盾」を掲載したのに続き、下旬には3回続きの第2部「新屋演習場」を掲載した。配備候補地となった新屋演習場の来歴をたどる中で、地域住民が配備計画に対して戸惑い、反発する心情の背景を描く狙いがあった。社会地域報道部の内田隆之は、地域住民を訪ね歩く中で、配備問題に対する自分の考えが徐々にはっきりしていくのを感じていた。

3年間の整理部勤務をへて取材現場に戻ったのが2018年の4月。社会地域報道部で松川とともに社会事象全般を担当することになった。医療・福祉分野を軸としつつ、甲子園での金足農業高校の躍進などを取材し忙しい日々を送る中、9月20日夜、仕事の終わりに2人で立ち寄った居酒屋で、松川から言われた。「これからはイージスを徹底的にやるぞ」

配備問題が秋田にとって、また、秋田魁新報にとって重要なテーマであることは承知している し、6月に防衛政務官が来県した際の取材では、政府と県側、双方の態度にいぶかしい思いを抱きもした。だが、安全保障や防衛、軍事といった分野の取材経験がない自分にとって、イージス・アショアは正直な話、手に余るテーマにも思えた。配備問題にさまざまな角度から光を当てて長期連載を展開する必要性を説く松川にうなずきながらも、どこか消化しきれない思いがあった。

秋田市新屋の住宅街

だが、連載の取材が本格化し、地域住民への取材を任されてみると、徐々に感覚は変わっていった。

新屋演習場から車で20分ほどの住宅街に住む内田にとって、配備計画は決してひとごとではなかったが、一方ではどこか、現実味の湧かない話でもあった。しかし、演習場と目と鼻の距離に暮らす新屋の人々は違った。

「国がやることだから何も言わないというのは違うでしょ。将来、もし子どもたちに何かあったとき、なぜ反対しなかったのかと当然言われますよね。国は最終的に強行するのかもしれないけれど、おかしいことに対してはおかしいと言うべきですよ」

２０１８年の年末、内田は連載の取材で、新屋演習場の近くに暮らす佐々木吉弥（66）と町内の集会所で会った。

町内会の役員を務める佐々木は、30年以上にわたり地域経済を裏方として支えてきた元銀行マン。配備計画が浮上してからは、その動きを熱心に追い、防衛省の住民説明会にも毎回出席してきた。この年の春に内田が初めて話を聞いた際は、賛否を決めかねている様子だったが、この日は何の迷いもなく反対の意思を語った。

「固定したミサイル発射基地があるというのは、やはりリスクがある。ここに置くのは無理ですよ」。説明会に足を運ぶうちに疑問や不安が大きくなり、反対に傾いていったという。

政治的な問題に関する市民運動などとは無縁だった人が、政府の計画に対して素朴に「反対」を言っている。同じように考える人は新屋住民の間に相当数いて、これから大きなうねりとなっていくのではないか。内田はそう感じた。

年明けには、新屋勝平地区振興会の前会長、戸井田錬太郎（81）を訪ねた。振興会は新屋演習場周辺の16町内会でつくる住民組織。戸井田は2018年春まで6年間、会長を務めた。新屋に住んで40年になり、地域のことを知り尽くしている。

「われわれの地区には1万3千人もの人が住んでいるんですよ。国は住民のことは何も考えていないんじゃないか」

配備計画が浮上したのは、振興会長を務めていた任期中のことだ。戸井田には、住民が置き去りにされているように思えてならなかったという。

戸井田は、「夏の夜の夢」と題した原稿を内田に手渡した。30年ほど前に書き、当時の振興会の会報に載せたものだった。人口減少や少子高齢化を見据え、地元に福祉施設をつくる。そんなプランを描いていた。

内田に見せたのには理由があった。福祉施設を建設する用地として、この原稿の中で提案した場所が新屋演習場だった。「当時、なぜ演習場につくればいいと考えたのですか」。内田が尋ねると、戸井田は「住宅地にはなじまない場所だと思っていたからだ」と答えた。そして続けた。あのとき本気で動いていれば、今回の配備計画が浮上することもなかったのではないか、と。

新屋演習場に福祉施設を整備するプランに、現実味があったわけではないだろう。原稿のタイトル通り、それは夢にすぎなかったのかもしれない。とはいえ、新屋演習場の来歴と地域住民の意識をたどる上で、戸井田が抱いていた思いは、小さくない意味を持つように思えた。

「30年も前、新屋演習場に福祉施設をつくるプランを練っていた人が地元にいました」。取材から戻った内田は松川に伝えた。第２部「新屋演習場」の締めくくりは、戸井田の話で展開した。

■首長と議会

連載「盾は何を守るのか」は、秋田で過去にあった安全保障関連の事象を振り返る第３部「秋田と日米安保」を２月に掲載したのに続き、第４部「首長と議会」を３月中旬に掲載した。

連載を進める上で松川と内田は、知事や秋田市長、議会に対する厳しい検証を貫くことを決めていた。

二つの理由がある。

2017年11月に読売新聞の報道で秋田市への配備計画が表面化して以降、防衛省幹部が秋田を訪問し正式に計画を知事や秋田市長に伝達する翌年6月までには、半年余りの月日があった。この間、知事佐竹敬久は「政府からの連絡は一切ない」と言い続けた。

佐竹は東北大学工学部を1971年に卒業後、翌年に秋田県庁入り。地方課長、総務部次長と順調に昇進を重ねた。49歳で県職員を辞して挑戦した1997年の知事選には落選したものの、2001年以降、2回の秋田市長選、3回の知事選に連続して当選。この間、全ての選挙で自民党の支持を受けてきた。

江戸期に秋田藩を治めた藩主佐竹家一門の「佐竹北家」に生まれ、第21代当主という顔も持つ佐竹が知事選に初挑戦した際、秋田魁新報は「将来の知事候補」「県庁のホープ」という県職員時代の人物評を記している。藩主一門の名家に生まれ育ち、県行政の本流を歩み、政府・自民党と良好な関係を続けてきたのが、佐竹という知事である。しかも、安倍政権を取り仕切る官房長官菅義偉は秋田の出身で、当然のことながら、知事とも親交がある。

そんな佐竹に対し、政府が何の相談も連絡もなしに、一方的に秋田市への配備を決める、ましてや、それが新聞報道で表面化して以降も、何の連絡もよこさない。そんなことは常識的に考えてあり得ない。それなのに、連絡はまったくないとことさら強調する姿勢には、何か裏があるのではないか。

もう一つの理由は、2018年6月1日に、防衛政務官が初めて秋田を訪れて知事や市長と会談した日の様子にあった。

会談数日前の会見では「ぶっつけ本番です」「なれ合いは嫌ですから」と述べ、厳しい態度で臨むことを辞さないとしていた佐竹だったが、実際の会談は第2章で記したように、微温的なものとなった。配備計画に対する疑念や不安、不信感が地元には広がっているのに、選挙で選ばれた知事や市長が住民の思いとはかけ離れた態度をとっていいのか。知事や市長、議員らの言動に厳しい目を注ぎ、彼らの姿を読者・県民に知らしめ続けるのは、地元紙記者としての何よりの責務であるはずだ。


過去の記者会見や、防衛省側との会談でのやりとりを読み込み、言動を検証すると、知事や市長の政治姿勢が改めて浮かび上がっていった。

真意の見えにくい発言を繰り返す一方、軍事分野への精通ぶりを背景に、政府の安全保障政策に一定の理解を示す知事。自らの考えを明らかにすることに慎重な姿勢を貫きつつ、「針のむしろだ」と心中を吐露することもある市長……。そうした姿を描く連載は、「知事と市長、見えぬ本音」「知事、『軍事に精通』自負」「市長、慎重姿勢崩さず」「民意、誰が受け止める」などの見出しを並べていった。

改めて配備計画への見解を尋ねようと、知事と市長へ取材を申し込んだが、いずれも断られた。「議会や会見の場でオープンに対応している」（県総務課）、「議会や会見で折に触れて見解を述べている」（市秘書課）という断りの理由は、そのまま連載に盛り込んだ。

■卒業式

連載からは、副産物も生まれた。

秋田公立美術大学の卒業式で、卒業生代表が謝辞を述べる際にイージス・アショアの配備問題に言及するようだ――。そうした情報を基に、3月21日、取材班から秋田市担当キャップの長田雅巳が卒業式の取材に出かけた。

どのような内容にしろ、ちょっとした囲み記事にはなるだろう。そう考えていた松川に午前11時すぎ、長田から報告が入った。「イージスの部分は謝辞からカットされていました。どうも、大学事務局の検閲のようです」。そっちの方がよほど問題じゃないか！　松川は叫んだ。

長田が取材を進めると、話の輪郭がわかってきた。

大学側からの依頼で卒業生代表として謝辞を述べることになった美術学部の長門あゆみ（22）は、担当教官らとも相談しながら文案を練った。卒業式の前日、原稿を印刷物にするため大学事務局に預けると、夜になって学生課長から電話があり、「イージスに触れた部分を削除して印刷したい」と言われた。悩んだ末、長門は削除に応じ、謝辞は当初考えていたものとは違う内容になった。

取材に応じた長門は、「最後は自分で（読まないことを）判断したが、『なぜこれがだめなの？』と思っ

秋田公立美術大学の卒業式で謝辞を
述べる長門＝2019年3月21日

た。配備計画はこれからどうなるかわからないが、新屋で暮らし、学んだ者として無視できないと考えている。その思いを卒業生や後輩と共有したかった。「やるせない」と長田に語った。削除した箇所を見せてもらえないかと長田が頼むと、初めは渋ったものの、応じてくれた。次のような文章だった。

すでに報道等で明らかなように、大学からも近い、住宅や学校が密集する新屋地区に常設型迎撃ミサイル基地の配備計画が持ち上がるなど、私たちの在学中に地域住民や大学関係者にとって重要な問題が起こったこともまた事実です。これから卒業する私たちを含め、新屋という場所に暮らし、学ぶ学生にとって、こうした問題は決して無視することは出来ません。私たち卒業生は、今後も秋田公立美大の学生および地域の皆様が平和な生活を過ごせるよう、心から願っています。

極めて穏当な内容で、長田には、なぜ大学事務局がそこまで神経質になったのか理解できなかった。長門に電話したとされる学生課長に取材すると、「何も答えることはない」との返答だった。一方、長門の所属していた美術学部の学部長岩井成昭は、「自分が感じることを自分に正直に表現することを、秋田美大は教育の主軸に置いている。どういう意見を持とうが、それを妨げるようなことはあってはならない。本当に残念に思う」と話し、事務局の対応に批判的な見解を示した。

翌日の社会面では、連載「盾は何を守るのか」に次ぐ2番手の記事として、「卒業式謝辞でイージスに言及予定／大学側要請で記述削除／秋田公立美術大生『やるせない』」と見出しを打った記事が載った。

■学長の謝罪

卒業式の後の取材で、長田には気になるできごとがあった。

関係者を探して卒業式会場を歩く中、大学理事の一人が、長田にこう話しかけたのだった。「さきがけさん、思ったような記事にならなくて残念だったなあ」

削除の経緯が耳に入っていなければ、こんなことは言えないはずだ。そして、大学事務局の圧力で学生の発言が封じられてしまうということの意味合いもまるでわかっていない。その夜、松川と二人、言論の自由の観点から徹底的に検証しようと話し合った。

二人の取材で数日後、社会面トップに次の記事を掲載した。

「地上イージス」削除の経緯は／美大「削除要請なかった」／学生「何度も求められた」

秋田公立美術大学（秋田市）の卒業式で学生代表の謝辞からイージス・アショア（地上イージス）配備計画に触れる部分が大学事務局の要請で削除された問題は、どのような経緯で起きたのか。大学は「削除の要請」はなかったとの見解を示すが、学生は「できればカットできないか、と何度も求められた」と詳細に証言する。識者からは「自粛、忖度（そんたく）の空気の一端」という指摘がある。

卒業式で学生代表として謝辞を述べた長門あゆみさん（22）によると、式の10日前に大学事務局から謝辞を依頼され、担当教官とメールでやりとりしながら原稿を作成。式前日にリハーサルを行った後、田村悟学生課長の求めで原稿のコピーを渡した。

その日の午後8時40分ごろに学生課長から電話がかかってきた際のやりとりを、長門さんは次のように振り返る。

学生課長「イージスをにおわせる部分をカットできないか」

長門さん「なぜですか」
学生課長「政治的でデリケートな問題だし、来賓や市長も来る。報道機関にも騒がれる」
長門さん「（イージス関連部分は）全部カットですか」
学生課長「あすの卒業式には、カットした原稿とカットしていない原稿を用意しておく。どちらを読むのかは上の確認がないと決められない」「できればカットできないか、何とかならないか」
長門さん「考えさせてください」
長門さんは担当教官らと相談した上で、その夜、当該部分を削除した原稿を学生課にメールで送り、式で読み上げる謝辞が印刷された。
一方、学生課長は霜鳥秋則学長や大学事務局の聴き取りに対し「デリケートな内容が含まれていたことから、内部で確認させてほしい旨を伝えたところ、学生の判断で内容を変更した」と説明したという。霜鳥学長は取材に「削除を要請する意図はなかったとのことだが、学生からそのように受け取られたのであれば遺憾であり、申し訳ないと思う」と述べている。
長門さんの証言と大きく食い違う理由について、畠山健企画課長は「受け止め方の違いだろう。学生課長はそのように言っており、われわれとしてはそこを疑うことはない。どちらが白か黒か突き詰めるつもりはない」と話した。
大学の設立母体である秋田市の穂積志市長は27日、取材に対し「いきさつの詳細について把握しておらず、また、独立した大学法人の運営に係る事案であり、特にコメントすることはない」と文書で回答した。

ネット上で全国的関心集める

秋田公立美術大の卒業式を巡る問題は、インターネット上で全国的な関心を集めている。

一連の報道についての秋田魁新報社や記者のツイッターでの投稿は、直接リツイート（転載）されただけでも4500回を超え、フェイスブック（FB）の投稿も合わせ、転載先のアカウントでさらに転載を繰り返している。

投稿に付け加えられた意見も多く「大学で言論の自由が守られないってつらいな」「それとなく発言しづらい空気を醸していく、その先に何があるかを考えてほしい」などの声が並んだ。

美術誌「美術手帖（てちょう）」のウェブ版も25日に「秋田公立美術大学が謝辞を検閲」という記事を掲載。27日午後の時点で、一日に最も読まれた記事になっている。

秋田市の陶芸家・田村一さん（45）はFBで「立場を使って意見を封じるのはフェアではない」と疑問を提示。取材に対し「美大で育った人材がさまざまな活動を展開することで秋田が豊かになると期待しているのに、こういうことがあるのはとても切ない」と話す。

NPO法人・土方巽記念秋田舞踏会の米山伸子会長（78）＝同市＝もFBに「先生たちも素晴らしく、自由な気風にあふれた大学だと知っているだけに残念です」と投稿。「表現の自由や思想信条の自由は可能な限り守られるべきなのに、事務方がそれを阻害するようなことがあってはいけない」と語る。

「検閲という空気　自由を奪うNG社会」の著書がある美術批評家のアライ＝ヒロユキさん（54）

＝千葉市＝は「自分たちで適任と判断して選んだ学生の謝辞を事前にチェックするのがそもそもおかしい。日本社会を覆う自粛や忖度の空気の一端を感じる」と話している。

（２０１９年3月28日付社会面）

4月3日に行われた入学式で、学長の霜鳥秋則は式辞を述べる際に「大学は学問の自由、表現の自由を大切にするところ」と発言した。式後の取材に対し、学長は「卒業式のことを踏まえた上で一般論として話した。表現や学問の自由は大学として学生や先生に保障すべきだと考えている」と語った。

長田は、事実上、大学としての非を認めた形だな、と感じる一方、配備問題がこのような形で地元に影を落とし始めている状況に、言いようのない重苦しさも覚えていた。

■適地調査

配備計画の本筋に話を戻し、5カ月ほど時をさかのぼる。防衛省が、かねて予告していた新屋演習場での現地調査に着手した、２０１８年10月29日のことだ。

調査の実施に合わせて防衛省が報道陣に演習場内を公開したこの日午後、デジタル部のカメラ

適地調査の初日、新屋演習場内を歩く調査員たち
＝2018年10月29日

マン、大久保瑠衣（35）は、政治経済部の石塚健悟や社会地域報道部の松川、内田らとともに、新屋演習場に足を踏み入れた。フェンスと鉄条網に囲まれた演習場の中は、どんな場所なのか。興味を抱いて取材に入った大久保だったが、そこは拍子抜けするほど何もない、ただの野原だった。

ところどころ岩石の混じった砂地や、クロマツやアカマツの砂防林。やや起伏があり、中央部は高さ10メートルほどの高台になっている。地をはうように植物が根を張り、ススキが生い茂る一角もある。夏に骨折した左足が癒えず、リハビリ中だった大久保は、何度も足を取られながら、写真を撮って歩いた。

秋田市内に生まれ育った大久保は、配備計画が表面化するまで新屋演習場の存在を気に留めたことはなかった。

初めて入った演習場。大久保はカメラマンの目であたりを見回してみた。北の方角を見れば、高さ143メートルのランドマーク、全面ガラス張りの「ポートタワー・セリオン」が見える。見慣れたセリオンが荒野の向こうに見えるアングルは新鮮だなと思い、カメラを向けてみた。南を振り返れば、小高い山の上に林立する、県内各局のテレビ塔。西側には日本海が広がり、その手前に県道が走っているのが、車の走行音でわかった。

「意外と近かったんだな」。大久保は思った。ボディーボードを趣味とする大久保にとって目の前の海は通い慣れた場所だったし、その手前にある県道も、取材などでしばしば通る身近な道路だった。自分の意識になかっただけで、新屋演習場は生活圏のすぐそばにあった。そう気づいた、演習場内での初取材だった。


防衛省はその後、2019年5月下旬に調査結果を公表する方針を明らかにした。取材班は、連載「盾は何を守るのか」第5部の掲載時期をその直前と定め、防衛省が行ってきた「適地調査」の意味を改めて問い直す内容にすると決めた。

防衛省が演習場で行った調査は、次の4種類だった。
・レーダーが発する電波の影響を調べる「電波環境調査」
・地盤を調べる「地質調査」
・地形を調べる「測量調査」

・レーダーやミサイル発射装置の配置を検討する「基本構想策定」
これらは、「電波環境」と「地質」、「測量」の３調査で得られたデータを基に、「基本構想策定」でレーダーやミサイル発射装置の配置を検討するという関係にある。秋田魁新報は、これらをひとまとめにして「適地調査」と紙面で呼称してきた。

調査開始の日、現地で各社の取材に応じた東北防衛局調達部次長の高梨晴光は、報道陣にこう述べていた。「地質調査では、建物を支えられる場所がどこにあるのかを確認する。公正に実施し、配備の適否を総合的に判断する」

しかし、適地調査には、肝心な点であいまいさがつきまとった。どのような調査結果をもって「配備の適否」を判断するのかという、根本的な判断の物差しが示されていないことだった。

配備計画に関して防衛省は、県側との会談や住民説明会のたび、さまざまな資料を持参した。その中には、「仮に不適との結論に至れば、配置しないこともあり得ます」という一文が繰り返し登場したが、「不適」と判断する基準を明らかにしたことは一度もなかった。地元住民からは、「配備ありきと思われないようにするため、『不適もありうる』と言っているだけだろう」という批判も聞かれた。

取材班は、適地調査をめぐるこうした状況を第５部「配備の前提」で描いた上で、調査結果の公表を待った。

そして、大きなヤマ場がやってきた。

第5章 風穴

2019.5.27～6.4

「調査報告書」が公表され、
新たなステージに踏み出そうとした配備計画に、
一つのスクープが風穴をあけた。

■宝の山だぞ

2019年5月27日午後3時半。防衛副大臣原田憲治と知事佐竹敬久、秋田市長穂積志が県庁で向かい合った。それぞれの手元にあるのは、「イージス・アショアの配備について」と題する調査報告書。約7カ月にわたって防衛省が行った「適地調査」の結果をまとめたものだ。

全101ページの報告書は、最終ページに「結論」として次のように記していた。

「各種調査の結果、また、住民の安心・安全を確保するための具体的な対策を踏まえると、イージス・アショアは、新屋演習場において安全に配備・運用できると考えています」

適地調査の結果、配備に問題ないことがわかったという宣言だ。会談の席上、原田は「これのみをもって配備の工事を強硬に進めたり、配備先を決定するものではございません」と述べ、地元の理解が得られるよう引き続き努力する姿勢も示した。だが、この調査結果の公表をもって、配備計画をめぐるボールが防衛省から県側に渡された格好となったのは確かだった。

この日夜、社会地域報道部の松川敦志は、隣に座る内田隆之に言った。「いいか、これは宝の山だぞ。宝の山」。報告書を通読しての直感だった。

松川が特に注目したのは、報告書の中ほどにある「他の国有地の検討」という17ページ分の項

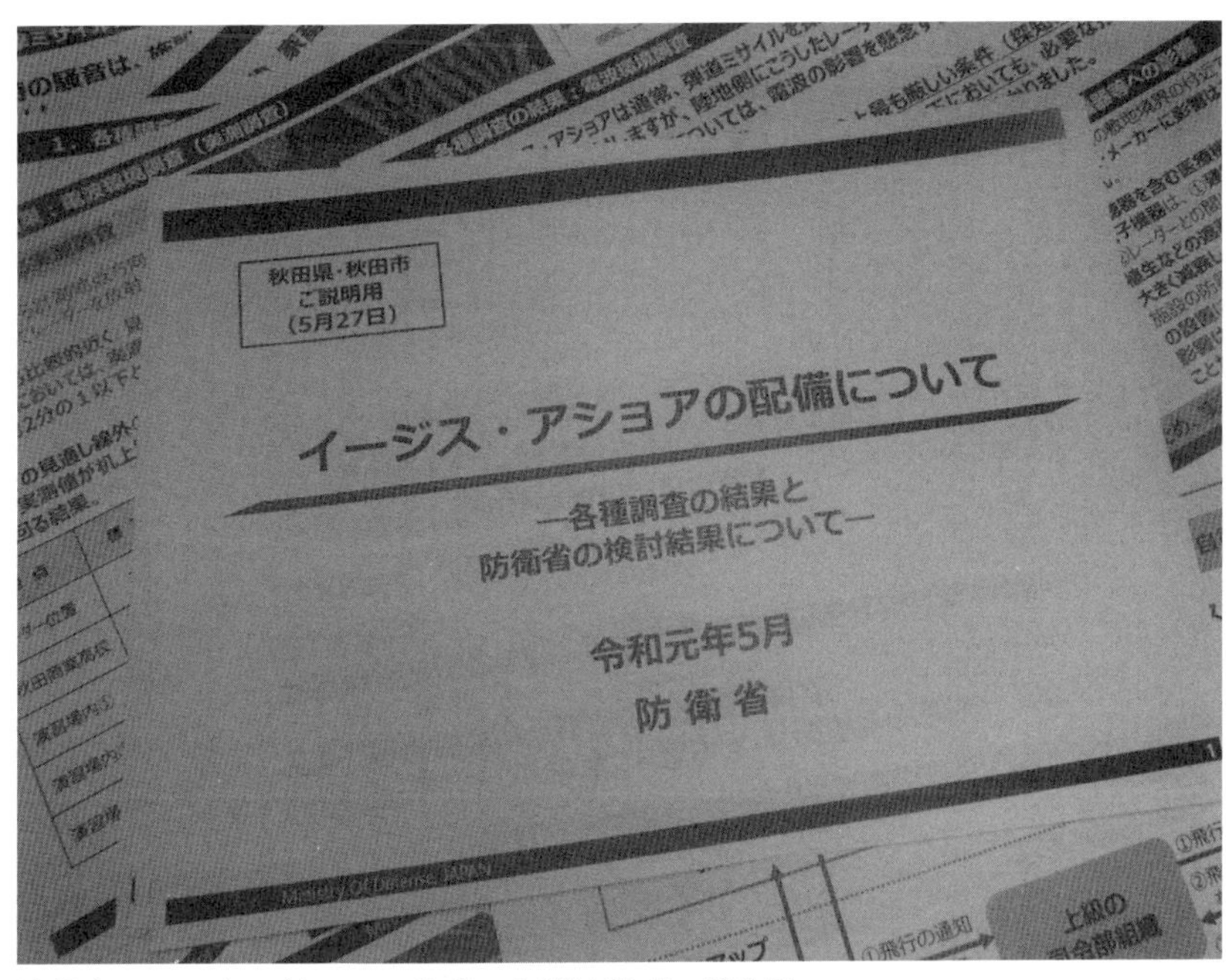

防衛省が2019年5月27日に公表した適地調査の報告書

目だった。一定の面積がある青森、秋田、山形3県の国有地19カ所について、配備候補地となり得るかを検討したもので、「レーダー波の遮蔽」「インフラ」「住宅地からの距離」「津波の影響」など、五つの観点から検討した結果として、「イージス・アショアの配備候補地となり得るような国有地ではないことが分かりました」と結論を導いていた。

　だが、この「検討」は、いかにもアリバイ的なものと松川の目には映った。

　第4章で記したように、適地調査はそもそも、配備の適否を判断する基準も示さないままに行われたものだった。さらに言えば、２０１８年６月の県議会への説明の場で、防衛省幹部が口にした「仮に不具合が出た場合、配備できないと判断する可能性はゼロではないが、その可能性は低い」という見解に明らかなように、新屋への配備について問題点が浮かび上がるような調査ではないと防衛省自身がそもそもみなしているものでもあった。その意味で、この日示された結論は、予想通りといえた。

これまでの取材では、配備場所の選定に際し高度な政治判断が働いたことを示唆する情報が得られていた。配備計画全体に、米国を中心とする弾道ミサイル防衛網の強化という側面が見え隠れするのは、連載「盾は何を守るのか」の中で描いた通りだ。

地域住民の視点に立てば、住宅地からの距離は本来、候補地から真っ先に除外する条件であるべきだ。だが、トップダウンで政治的に決まった配備方針であるなら、計画の実行部隊としての防衛省にすれば、どんな理屈を持ち出してでも「新屋が唯一の適地」という結論を導き出すしかないのかもしれない。

だとすれば、目の前にある報告書には、そのつじつま合わせから来るほころびが潜んでいるはずだ――。

そうした筋読みからくる、「宝の山」という直感だった。

■報告書を読む

　翌28日正午すぎ、報道センター長泉一志の呼びかけで、取材班が会議室に集まった。政治経済部からは、部長の山影寿士と政治班デスクの荒川康一（43）、4月の異動で鹿角支局長から政治班キャップに移った斉藤賢太郎（36）、東京支社から政治班サブキャップに移った大原進太郎。社会地域報道部からは、政治経済部から県警キャップに移った石塚健悟と、内田、そして松川。

　泉が取り寄せた弁当をつつきながらのランチミーティング。泉は時折、このような昼食を兼ねた打ち合わせをセッティングし、「さ、飯を食った分、働いてね」と冗談交じりに記者たちの尻をたたく。それをきっかけに新たなプランが走りだすこともあり、実際、この日もさまざまな意見が出た。

「緩衝地帯として700メートル設けるといっているが、この数字には科学的根拠はまったくない」

「『他の国有地の検討』から見えてくるのは、『新屋ありき』の姿勢そのものだ」

「攻撃リスクへの対策も、住民の視点からすれば納得感があるとは言えない」

　報告書を読み込み、疑問点をどんどん書いていこうと話がまとまり、「『適地』報告を読む」という連載を始めることになった。「適地」とかぎかっこでくってあるのは、新屋演習場が適地だと認識しているのは、現時点では防衛省だけだという取材班の意識を強調するためだ。

初回は松川が担当し、「700メートルの緩衝地帯」にまつわる疑念をまとめた。2回目は内田が「他の国有地の検討」について、3回目は大原が「攻撃リスク」、4回目は石塚が「電波の影響」を取り上げた。

6月3日には知事と秋田市長それぞれの定例会見があり、受け入れの可否を判断する時期について、知事が「来年中」、市長が「2、3年ぐらいかかる」と述べた。防衛省が県側に投げてよこしたボールは、しばらくの間、地元で転がり続けることになりそうだった。

しかしこの日、配備計画の行方を大きく変えることになる発見が、取材班の中から生まれる。

■断面図の矛盾

6月3日午前10時すぎ、秋田県庁1階の記者室。椅子によりかかりながら調査報告書をめくっていた松川の目が、あるページに留まった。居住まいを正して報告書を机に置き直し、改めてそのページに見入る。

ファイルにとじて常に持ち歩いている報告書は、バッグからの出し入れを日に何度も繰り返し、端が傷み始めていた。

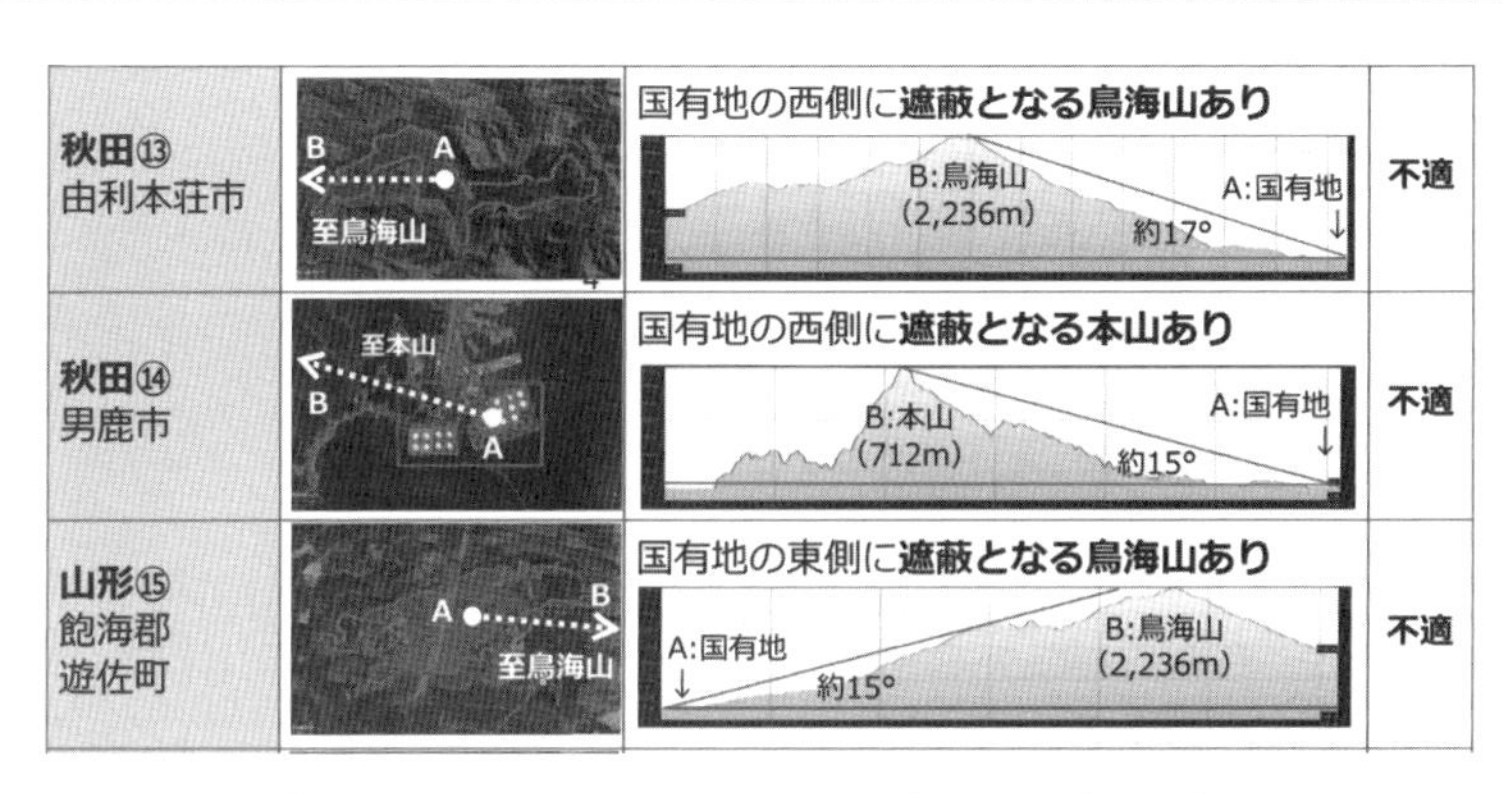

「本山」の仰角を「約15°」と記した断面図（防衛省の報告書より）

「宝の山」という当初の直感は、連載「『適地』報告を読む」で一定の形になっているが、まだ何かあると松川は感じていた。空き時間を見つけてはファイルを取り出し、ページをめくる。報告書に記されたデータを疑い、その解釈を疑い、論理展開を疑う……。

そのページには、「他の国有地の検討」に関する地形断面図が記されていた。

見開きに八つの国有地の図を掲載し、イージス・アショアが発するレーダー波を遮る山が近くにあることを理由に、いずれの場所も配備に適さないという判断が述べられている。

その中に、奇妙な図があった。

男鹿市にある国有地に関し、標高７００メートル余りの「本山」を見上げた仰角を「約15度」と記す箇所だ。

そこに描かれた本山は、北アルプスや南アルプスあたりにありそうな険しい山容を示し、一見して、高さを誇張して描かれているようだった。上下に並ぶ別の国有地の図は、標高２２３６㍍の鳥海山が「約15度」

や「約17度」の仰角を成し、やはりレーダー波を遮るとある。標高約700メートルの本山と約2200メートルの鳥海山が、図面の上では同じ高さに描かれていることからすれば、図面上の本山は、高さを3倍程度デフォルメしているのが明らかだ。

それ自体は問題視することではないが、奇妙なことがあった。図面の上で、本山も鳥海山も仰角がほぼ同じ角度で描かれているのだ。本山の図は標高を誇張して描いているのだから、それに比例して図面上の仰角も実際より大きく描かれていなければおかしいのではないだろうか……。

「分度器持ってたりしない?」。近くにいた社会地域報道部の石塚佳治（30）に尋ねると、「買ってきましょうか」と近くの文房具店へ走ってくれた。

10分後、届いた分度器を断面図に当ててみると、果たして、図面上の仰角は表記されている数字と同じ15度だった。

高さをデフォルメして描いた図であるのはまちがいない。それなのに、そこに表れた角度が、数値上の仰角と一致する。そんなことって、あるのだろうか……。

こういう場合、三角関数を使えば正しい角度が求められるのではなかったか。高校生以来となる知識を引っ張り出し、ノートに直角三角形を書いて「サインが確かこうで、コサインが……」としばし考え込んだ。水平距離と標高を基にタンジェントを用いれば仰角が出せそうだ。ネット上で見つけた計算サイトを使うと、「4度」という結果が出た。何度かやり直しても同じだった。

取材先との昼食の時刻が迫ったため、分度器を買いに行ってくれた石塚に、「こういう直角三角形があるとして、ここの角度が何度になるか、計算で求めてみてくれないか」と頼んだ。会食中、

約15度の高度を示す太陽は、本山よりもはるかに高い位置にあった＝2019年６月３日午後５時半すぎ、男鹿市

スマートフォンにメッセージが届いた。「4度だと思います」

記者室に戻ると、内田がいた。「実は、ちょっと変なことに気づいてな……」。計算してもらうと、やはり「4度」だという。

筋道の合わない夢をみているような思いがするだけで、事態がのみ込めない。

こんな時はとりあえず現場へ。車で1時間ほどの男鹿市へ向かうことにした。

海岸線を北上する道すがら、左前方に問題の本山が見えた。思っていたより標高があるようにも感じられ、「3人そろって計算ミスかもな」と思いながら、それでも車を走らせた。

現地に着き、山を見上げてみたものの、目測で仰角がわかるものでもない。15度のようだし、4度といえば4度にも思える。

夕刻が近づき、本山の上には沈みゆく太陽があった。

太陽の高度がわかれば参考になるのではと思いつき、スマートフォンで調べてみると、日付と緯度、経度を基に太陽高度を算出してくれるカシオ計算機のサイトが見つかった。グーグルマップで緯度、経度を調べて入力すると、あと1時間もすれば15度になることがわかった。

じりじりとした思いで時を待つ。

午後5時半すぎ。計算上、太陽の高さは15度になった。だが、その位置は本山のはるか上空だ。その様子を一眼レフカメラで撮影する。

さらに1時間後、高度が4度に下がった時、本山の山頂に太陽はぴたりと重なった。再び撮影し、車に飛び乗る。

はやる気持ちを落ち着かせながら、松川は本社に車を走らせた。

■裏づけ

秋田魁新報の本社では、新聞製作の中枢を担う統合編集本部に約１３０人が所属し、本社４階の報道センターやデジタルセンター、３階の制作センター整理部などに分かれて働いている。午後７時半すぎの報道センターは、原稿の執筆を急ぐ記者や、彼らの原稿に目を通すデスクらで慌ただしい時間帯にあった。

自席に戻った松川は、報道センター長の泉と社会地域報道部長の中田貴彦に顚末（てんまつ）を説明した。しかし、２人にとってその話は、非常に興味深いものである半面、慎重に受け取るべきものでもあった。「仰角」という耳慣れない言葉を突然持ち出し、政府が作成した公式文書が事実と異なっていると言いだした松川の訴えは、一呼吸置いて考える必要がある。

「話はわかった。わかったが、それだけをもって記事にするのはどうかと思う」。泉が言った。

「どうしてですか。いいですか、本山の断面図は標高をデフォルメしているものであって……」。松川は説明を繰り返した。信じがたいのはわかる。だが、どういう背景があって生じたことかは別にして、報告書に誤りがあるのは間違いないのだ。

一方、泉の受け止めは冷静だった。専門家集団である防衛省の報告書にそんな誤りがあるなんて、通常は考えられないことだ。「とにかく」。泉は言った。「国の過ちを指摘しようというのなら、万が一にもこちらにミスがあってはいけない。よほど脇を締めてかかる必要がある。そうだ、そこまで言うなら業者に測量してもらったらどうだ」。中田も続けた。「専門家にも見解を求めた方がいい。自信を持って書けるだけの裏づけをもっと取ろう」

翌6月4日。内田は、県内大学の複数の研究者に連絡を取った。事情を説明すると、協力を快諾してくれた教授が2人いた。報告書を持参し、前日の取材経過を伝えると、いずれも、報告書に誤りがあるのは確実だろうとの見解だった。

測量は、秋田市内の業者に依頼することになった。「今から男鹿へ行って、ある山の仰角を測ってもらえないでしょうか」。電話口での依頼を快く引き受けてくれた業者は、現地で本山を見るなり言った。「ああ、これは10度もないな」。測量機器で精密な測定をした結果はやはり、「4度」だった。

三角関数による計算、太陽高度を活用した目測、専門業者による測量、大学の研究者の見解。四つの裏付けがそろったことで、泉と中田はゴーサインを出した。「それにしても、どういうことなんだ?」。松川や内田も思いは同じだった。

「平素大変お世話になっております。秋田県を発行エリアとする新聞、秋田魁新報社で編集委員をしております松川敦志と申します」

質問状の作成に取りかかった。あいまいな物言いで明確な回答を避けるきらいがある中央省庁に対しては、質問は端的な方がいい。

「報告書の57ページにある『秋田⑭男鹿』の仰角『約15度』は正確な数字か。われわれの計算では『約4度』となるが、いかがか」

「実際とは異なる仰角が記載されていた場合、どのような原因でそのような記載になったのか」

本日中に回答をと期限を切った質問状を午後3時半すぎ、ファクスで防衛省報道室に送信。併せて電話をかけ、遅い時間になってもいいから必ず回答をいただきたいと伝えた。

次は原稿だ。

ポイントはまず、報告書に盛り込まれているデータの不正確さを、独自取材を基にきっちりと指摘することにある。さらに、松川が考えたのは、このような報告書がなぜ作成されたのか、その背景ににじむ防衛省の体質にも言及したいということだった。「本記と解説の2本立てにしたらどうでしょう」。松川の提案に、デスクの菊池史利はうなずいた。

■ゼロ回答

午後5時、翌日の紙面構成を決める打ち合わせが、会議室で始まった。原稿の趣旨と出稿の手はずを中田が報告。この日の紙面編集の責任者である整理部長の吉田新一（52）が議論をまとめ、1面トップでの掲載が決まった。

「マツ、これ、とんでもねえ話だな」。会議室から出てきた吉田は、キーボードをたたく松川に声をかけた。「遠慮しないでガンガン書けよ」。23年前、入社1年目のときに警察担当の先輩として鍛えてもらった吉田の激に、松川は「もちろんです」とうなずいた。

午後6時40分、松川のスマートフォンが鳴った。防衛省報道室の男性職員からだった。

「申しわけないんですが……」

職員は低姿勢だった。

「本日中の回答はできません」

――なぜですか。

「担当が複数の課にまたがっておりまして……。明日以降、準備ができ次第、回答したいと考えております」

――質問を送ってからまだ3時間じゃないですか。何時まででも待ちますから、最低限、事実関係の確認だけでもしてもらえませんか。

「いえ、本日中の回答はできないということになりましたので」

――われわれとしては、明日の紙面に記事を載せる予定でいます。ノーコメントという形だと、むしろそちらの印象が悪くなるように思いますが。

「それでも結構です。とにかく、本日中の回答はできないということで……。明日以降、準備ができ次第、回答したいと考えておりますので、なんとかご了解ください」

回答は得られなかったが、自信はむしろ深まった。自分たちが示した疑義を否定する文言は一切なし。しかも、質問を送ってからわずか3時間での「ゼロ回答」は、早々とギブアップを宣言したようなものだ。省内では今ごろ、関係者が集まって対応を協議しているのだろう。報道室の返答を盛り込み、原稿ができあがった。

適地調査、データずさん／防衛省、代替地検討で／地上イージス配備問題

イージス・アショア（地上イージス）の配備候補地を巡り防衛省が先月公表した「適地調査」の報告書に、代替地の検討に関連して事実と異なるずさんなデータが記載されていることが4日、秋田魁新報社の調べで分かった。電波を遮る障害になるとするデータを過大に記し、配備に適さない理由にしていた。秋田市の陸上自衛隊新屋演習場以外に適地はないとする報告書の信頼性が損なわれた。

防衛省は、県や秋田市の要請に応じる形で、新屋演習場のほかに配備候補地はないかを検討。青森、秋田、山形3県の国有地19カ所を対象に調べ、いずれも配備に適さないと結論づけた。うち9カ所は、弾道ミサイルを探知・追尾するための電波を遮る山が周囲にあるとして、配備に適さない理由にした。

しかし、これらについて秋田魁新報社がそれぞれの国有地と山を結んだ水平距離、山の高さを基に計算したところ、山を見上げた角度を示す「仰角」が、少なくとも2カ所で実際よりも過大に記されていることが分かった。

記載データと実際との差が最も大きかったのは、男鹿市の「秋田国家石油備蓄基地」。報告書は、備蓄基地から男鹿半島中央部の本山を見上げた仰角を「約15度」としているが、備蓄基地と本山の距離（約９６００メートル）と本山の標高（７１５メートル、防衛省資料では７１２メートル）を基に計算すると「約４度」が正確な仰角となる。県内の業者に依頼して現地で測量した結果も同様だった。

報告書には、仰角が何度以上あれば障害となるかについての記載はないが、同じく配備候補地とされた山口県・むつみ演習場に関する調査報告書には、地上イージスは仰角５度以上で電波を照射するというイメージ図が記載された。これに倣えば、備蓄基地は「不適」とは言えないことになる。

他に仰角が過大に記されていたのは、にかほ市の国有林で、報告書に記載された仰角は「約15度」だったが、計算上は「約10度」だった。

防衛省報道室は４日、秋田魁新報社の取材に「本日中には回答できない。明日以降、準備ができ次第回答したい」と答えた。

解説　**「新屋ありき」歴然**

配備計画の根幹となる調査報告書に、事実ではないデータが記されていた。そこに見え隠れするのは、計画の根底にある「新屋ありき」の姿勢だ。

重要なエネルギー拠点である石油備蓄基地への地上イージス配備は、そもそも現実的ではない。

問題の本質は、防衛省が実際と懸け離れたデータを示し、知事や秋田市長、県民を欺く形で配備に適さない場所と説明した点にある。

今回の「適地調査」で防衛省は、新屋演習場の代わりになり得る場所がないか国有地19カ所を検討した結果、配備に適する場所は一つもなかったとしている。だが、報告書には、代替地となり得る場所を排除することに重点を置いた傾向がうかがえる。

今回の検討範囲は青森、秋田、山形3県に限定されており、その理由については「これまでに実施したシミュレーション分析の結果、秋田県付近に配置することが必要だと分かっている」と説明するのみだ。肝心の「シミュレーション分析」がどのようなものかは明らかにしていない。

防衛省は、北朝鮮の弾道ミサイルに対処するため地上イージスを設置し、レーダーの電波は日本海側に照射すると説明している。しかし、代替地の検討では、レーダーの照射域に含まれないはずの「東」や「北」、「南」に位置する山を障害物に挙げているのが6カ所ある。

配備計画を巡っては、住宅地に近接し、数百メートル圏内に小学校や中学校、高校も立地する新屋演習場がなぜ配備地になり得るのかという根本的な疑問が地元に根強い。

防衛省がそうした思いを真摯（しんし）に受け止めて代替地の検討を進めたなら、このような報告書になっていただろうか。

（2019年6月5日付1面）

整理部の吉田らが見出しを練り、記事がレイアウトされた大刷りが上がってきた。泉や中田、内田、松川らが日付が変わるまで何度も内容を確認し、輪転機が回った。

午前1時近くになって帰宅した松川は、毎日つけている日記の末尾にこう記して床に就いた。

「防衛省はなんと説明するのか」

適地調査 データずさん

秋田魁新報

発行所 秋田魁新報社
〒010－8601
秋田市山王臨海町1番1号

2019年（令和元年）
6月5日
（水曜日）

防衛省、代替地検討で

イージス・アショア（地上イージス）の配備候補地を巡り防衛省が先月公表した「適地調査」の報告書に、代替地の検討に関連して事実と異なるずさんなデータが記載されていることが4日、秋田魁新報社の調べで分かった。電波を遮る障害になるとするデータを過大に記し、配備に適さない理由にしていた。秋田市の陸上自衛隊新屋演習場以外に適地はないとする報告書の信頼性が損なわれた。

■地上イージス関連記事3面

地上イージス配備

秋田国家石油備蓄基地の近くから撮影した本山。太陽高度を算出する国立天文台のウェブサイトによると、この時点の太陽高度が、防衛省が本山の仰角として記載した約15度にほぼ一致する。実際の仰角（約４度）とは開きがある＝３日午後５時半すぎ、男鹿市船川港

防衛省は、県や秋田市の要請に応じる形で、新屋演習場のほかに配備候補地はないかを検討。青森、秋田、山形３県の国有地19カ所を対象に調べ、いずれも配備に適さないと結論づけた。うち9カ所は、弾道ミサイルを探知・追尾するための電波を遮る山が周囲にあるとして、配備に適さない理由にした。

しかし、これらについて秋田魁新報社がそれぞれの国有地と山を結んだ水平距離、山の高さを基に計算したところ、山を見上げた角度を示す「仰角」が、少なくとも2カ所で実際よりも過大に記されていることが分かった。

記載データと実際との差が最も大きかったのは、男鹿市の「秋田国家石油備蓄基地」。報告書は、備蓄基地から男鹿半島中央部の本山を見上げた仰角を「約15度」としているが、備蓄基地と本山の距離（約9600㍍）と本山の標高（715㍍、防衛省資料では712㍍）を基に計算すると「約4度」が正確な仰角となる。県内の業者に依頼して現地で測量した結果も同様だった。

報告書には、仰角が何度以上あれば障害となるかについての記載はないが、同じく配備候補地とされた山口県・むつみ演習場に関する調査報告書には、地上イージスは仰角5度以上で電波を照射するというイメージ図が記載された。これに倣えば、備蓄基地は「不適」とは言えないことになる。

他に仰角が過大に記されていたのは、にかほ市の国有林で、報告書に記載された仰角は「約15度」だったが、計算上は「約10度」だった。

防衛省報道室は4日、秋田魁新報社の取材に「本日中には回答できない。明日以降、準備ができ次第回答したい」と答えた。（松川敦志、内田隆之）

男鹿市の国有地と本山の断面イメージ

国有地の西側に遮蔽となる本山あり　※防衛省の調査報告書より

B:本山
A:国有地
約4°
約15°

秋田国家石油備蓄基地を「不適」とした調査報告書に正確な縮尺の断面図を重ねた（緑部分）。
防衛省の図は高さを誇張して描いた本山を基に、仰角を15度で描画している（調査報告書は防衛省のウェブサイトより）

「新屋ありき」歴然

【解説】配備計画の根幹となる調査報告書に、事実ではないデータが記されていた。そこに見え隠れするのは、計画の根底にある「新屋ありき」の姿勢だ。

重要なエネルギー拠点である石油備蓄基地への地上イージス配備は、そもそも現実的ではない。問題の本質は、防衛省が実態と懸け離れたデータを示し、知事や秋田市長、県民を欺く形で配備に適さない場所だと説明した点にある。

今回の「適地調査」で防衛省は、新屋演習場の代わりになり得る場所がないか国有地19カ所を検討した結果、配備に適する場所は「一つもなかった」としている。だが、報告書には、代替地となり得る場所を排除することに重点を置いた傾向がうかがえる。

今回の検討範囲は青森、秋田、山形3県に限定されており、その理由については「これまでに実施したシミュレーション分析の結果、秋田県付近に配置することが必要だと分かっている」と説明するのみだ。肝心の「シミュレーション分析」がどのようなものかは明らかにしていない。

防衛省は、北朝鮮の弾道ミサイルに対処するため地上イージスを設置し、レーダーの電波は日本海側に照射すると説明している。しかし、代替地の検討では、レーダーの照射域に含まれないはずの「東」や「北」、「南」に位置する山を障害物に挙げているのが6カ所ある。

配備計画を巡っては、住宅地に近接し、数百㍍圏内に小学校や中学校、高校も立地する新屋演習場がなぜ配備地になり得るのかという根本的な疑問が地元に根強い。

防衛省がそうした思いを真摯（しんし）に受け止めて代替地の検討を進めたなら、このような報告書になっていただろうか。（松川敦志）

日	月	火	水	木	金	土
						1
2	3	4	5	6	7	8
9	10	11	12	13	14	15
16	17	18	19	20	21	22
23	24	25	26	27	28	29
30						

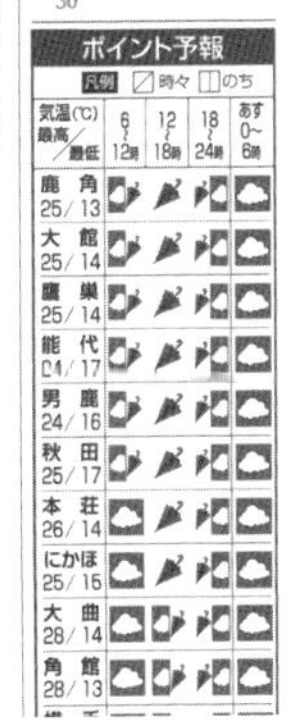

「適地調査、データずさん」のスクープを掲載した2019年６月５日付の１面

第6章 変化

2019.6～

「ずさん調査」のスクープを機に、
配備計画の本質があらわになっていった。
記者たちの足元で、さまざまな変化が続いていく。

■正誤表

秋田魁新報が「適地調査、データずさん」のスクープを掲載した6月5日は、午前に県議会で、午後に秋田市議会でそれぞれ全員協議会が開かれ、防衛省が議員らに報告書の内容を説明する予定になっていた。

午前9時すぎ、県議会の会場に記者たちが入ろうとすると、入り口のテーブルにA4の書類が重ねられていた。タイトルは「説明資料の正誤表」。本紙の報道を受けた防衛省の対応だった。表は、レーダー波を遮る山があるため配備地には「不適」だと調査報告書が記していた青森、秋田、山形の国有地9カ所について、そのすべてで仰角が実際と異なっていたことを記していた。会場に居並ぶ議員たちの手元にも、同じ紙が配られていた。

9時半。座長を務める県議会議長加藤鉱一が会の進め方を確認する中で、本紙報道に触れた。「本日の報道にあったようなことが事実であるとすれば、たいへん遺憾であります。こういうことを含めてしっかりとした説明を求めたいと思います」

続いて立ち上がった防衛省大臣官房審議官の深澤雅貴は、神妙な面持ちであいさつを始めた。

「本日はたいへんお忙しい中、みなさまがたにおかれましてはお時間をいただきまして感謝申し上げます。いま議長からお話のございました件につきましては、まずはご説明の前に、おわび

令和元年6月5日
防衛省

説明資料の正誤表

遮蔽に関する角度（56～57頁、64頁）

国有地	角度	
	旧	正
青森⑤西津軽郡鰺ヶ沢町	約17°	**約15°**
秋田⑩にかほ市	約15°	**約10°**
秋田⑪由利本荘市	約15°	**約10°**
秋田⑫にかほ市	約15°	**約13°**
秋田⑬由利本荘市	約17°	**約13°**
秋田⑭男鹿市	約15°	**約4°**
山形⑮飽海郡遊佐町	約15°	**約10°**
山形⑯酒田市	約20°	**約15°**
青森⑲弘前演習場	約15°	**約11°**

防衛省が作成した「正誤表」

をさせていただきたいと思います」。審議官は頭を下げた。

「国有地の遮蔽となる山の角度につきまして、データの誤りがございました。たいへん申しわけございませんでした。この原因につきましては、地図データの取り扱いが適切でなかったことによるものでございますけれども、二度とこのようなことのないように、再発防止を徹底したいと考えております」。ノートにメモを取っていた社会地域報道部の松川敦志は、「地図データの取り扱いが適切でなかった」という部分に注目した。昨日の防衛省への質問では得られなかった、この問題の背景につながる説明だ。

審議官の発言は続いた。

「地元のみなさまがたのご理解をいただく上では、正確な情報、データに基づいてご説明するということは何よりも大切だろうと認識してございます。今回このようなことになりました

県議会全員協議会で陳謝する深澤
＝2019年6月5日、秋田県議会棟

ことにつきましては、誠に申しわけなく思っております。たいへん申しわけありませんでした」

続いて、戦略企画課長の五味賢至が立った。報告書の冒頭から順に説明し、20分余りが過ぎたところで、問題の箇所に言及した。

「他の国有地の検討につきましては、各種調査の結果、仮に配備候補地が不適となった場合に備えて、防衛省・自衛隊所管外の国有地について、配備候補地となりうるものがあるか否かについて検討したというものでございます」。あくまでも新屋演習場が配備に適しているかどうかの判断がまず先にあり、仮に「不適」となった場合に備えて実施したのが「他の国有地の検討」だったのだと、断りを入れた格好だった。

原因については、次のように説明した。

「地図データの取り扱いが適切ではなく、高さ、縦方向と、距離、横方向の縮尺の割合が整合しない形になるといった人為的なミスというものが生じてしまったために、角度の計算に誤りがあったということが、判明しました」

正誤表を見ると、調査報告書に記載されていた仰角は、すべて実際の角度よりも過大な数値となっていたことがわかる。新屋演習場のみが「適地」だという結果を導くために恣意的な改ざんを行ったともとれるが、課長の説明は、あくまでも担当職員の個人的なミスから生じた不手際なのだと強調するものだった。

だが、と松川は思った。だとしたら、およそ中央省庁の中枢で働く国家公務員の仕事とは思えない幼稚なミスが、なぜ生じたのか。防衛省とは一体、どういう組織なのか。

■全国区に

一夜明けた6日、取材班を驚かせる報道があった。

「陸上イージス『調査ミス』」。毎日新聞が1面トップで後追い記事を掲載していた。その扱いの大きさに加え、記者たちの目を引きつけたのは、記事中にある一文だった。

「地元紙『秋田魁新報』が5日、仰角から『不適』とされた地点のデータに誤りがあると報道……」

問題発覚の経緯として、本紙のスクープがきっかけだったことを明示していた。新聞業界ではこのような場合、「一部報道で……」といったふうに社名を記さないのが通例といっていい。他社の名前をあえて記す毎日新聞の書きぶりに、取材班は、自分たちの報道に対する敬意のようなものを感じた。

その記事を読み返しながら、松川は配備問題に関する各社の報道が変わっていく予感を覚えた。

秋田市への配備計画が浮上した2017年11月以降、秋田魁新報は手探りで取材を重ね、報道を続けてきた。大小さまざまな記事を貼り付けたスクラップブックは、すでに6冊目に達している。地元紙として精いっぱいの報道を重ねてきた自負が、取材班にはある。

一方でこの間、秋田県内に取材拠点を置く全国紙など他メディアの報道は、取材班から見てあまり活発ではなかった。ただ、そのことを責めるつもりは、松川にはない。

日本新聞協会のデータによると、国内の新聞発行部数は、1997年の5377万部をピークに減少の一途をたどり、2018年は3990万部まで減った。ざっと4分の1という膨大な数の顧客を失ってきたのが、日本の新聞界のこの20年だった。

1996年春に大学を卒業し秋田魁新報に入社した松川にとって、日本の新聞が歩んだ下り坂の20年はちょうど、自身の新聞記者としての歩みに重なる。

入社当時を振り返って現在と比較すれば、それはさまざまな意味で余裕のある時代だった。インターネット黎明期にあった当時、取材成果を即座にネット上に流すという概念はなく、記者たちは朝刊と夕刊の締め切り時間だけを気にしていればよかった。おおらかな雰囲気に包まれた時代だったと、今になれば思う。

そして、県内の報道現場を見渡したとき、最も深刻な変化は、取材人員、つまり記者の頭数が激減したことにあった。松川が入社した当時、朝日、毎日、読売、産経、日経、河北の全国紙・ブロック紙が県内に置く取材記者はざっと50人余りいた。大卒の新人記者が各社に1～2人いて、社会人1年目としての同期である彼らとしのぎを削るのは、厳しくも刺激的な日々だった。

しかし、これらの社が現在、県内に置く記者は合わせて30人程度。およそ4割減った計算になり、新人記者がいない社も珍しくはない。日本新聞協会によると、この間の全国の新聞社・通信社における記者数の推移は１９９６年の約２万人から２０１９年の約１万８千人へと、１割の減。部数の減少に伴って業界全体で記者の削減が進む中、秋田県内の全国紙・ブロック紙は、それを大きく上回るペースで人員を減らしてきたことになる。

取材事象はかつてよりも多様化、複雑化しているにもかかわらず、かつてよりも圧倒的に少ない人数で取材現場を切り回さなければならないのが、全国紙やブロック紙の置かれた現状といえた。一方、秋田魁新報も社員数を減らしてきているとはいえ、取材記者の人員は当時とさほど変わりない規模を維持している。他社に比べ、取材環境が恵まれた状況にあるのは確かだった。

全国紙やブロック紙にしてみれば、記者をやりくりして日々の地域ニュースを生み出すだけでも精いっぱいなのに、イージス・アショアのようなテーマに継続的に人員を割く余裕は、物理的にないのが実情といえた。3年前まで全国紙に在籍していた松川には、地方取材網からマンパワーを弱めていかざるを得ない彼らの内情がよく理解できた。見方を変えれば、自分たち地方紙の重要性がより一層増している時代だとも言えるだろう。

そうした中にあっての、毎日新聞の1面トップでの後追い報道だった。これまで秋田県内の関心事にとどまっていたこの問題が、報道各社の東京本社が注目するところとなれば、紙面への露出も飛躍的に増えるに違いない。それは必然、永田町や霞が関の住人たちがこの問題を意識する機会が増えることにもつながる。事態が大きく動く流れができていくのではないか――。

風向きの変化を予感、そして半ば期待する思いは、すぐに現実のものとなった。

毎日新聞の報道があった6月6日の夜。今度はNHKが午後9時からの「ニュースウオッチ9」でこの問題を取り上げた。

「イージス・アショア配備〝秋田市が最適〟その根拠が……」というテロップと共に始まった10分近いVTRは、現地リポートや識者の見解を交えて問題を詳細に伝え、スタジオのキャスターが「地元の住民からすれば、誤ったデータをもとに受け入れを迫られた形ですから、怒りや疑問が高まるのは当然ですよね」「『結論ありき』だったんじゃないのかと指摘されても仕方がないと思います」と感想を述べて終わった。

さらに、翌7日は朝日新聞が社説でこの問題を取り上げた。「陸上イージス　ずさんな調査に驚く」という見出しの社説もまた、「データの誤りは、地元の秋田魁新報の指摘で発覚した。この報道がなければ、地元への説得が加速していたに違いない」と本紙報道に言及した。
民放各社もニュースやワイドショーでこの問題を報じ始めた。スクープを報じた当事者から話が聞きたいという取材依頼も舞い込むようになった。自分たちの放った記事が目に見えて波紋を広げていくさまを、取材班の記者たちはどこか信じられない思いで見つめた。
こうした中、政府首脳らは事態を重くみる姿勢に徹した。
「調査検討結果全体の信頼性にかかわるものであり、防衛省は二度とこのようなミスが生じないよう再発防止を徹底してほしい」（５日の定例会見で官房長官菅義偉）
「調査結果全体の信頼を失いかねないもので、本当に申し訳ない」（６日の衆院安全保障委員会で防衛大臣岩屋毅）
「地元のみなさまがさまざまな不安や懸念を持っていることは、防衛省から報告を受けており、真摯に受け止めている」（７日の参院本会議で首相安倍晋三）
配備計画が浮上して以降、イージス・アショアをめぐるニュースが全国メディアで連日続くのは、初めての局面だった。自分たちが取材してきたテーマがようやく全国区の問題となったことを、取材班の面々は自覚した。
そんな流れの中で、誰も予想しなかったことが起きた。

■居眠り

「後ろの席のあなた！　居眠りしていましたね！」

6月8日午後、配備候補地に近い秋田市新屋の勝平地区コミュニティセンターで防衛省が開いた住民説明会。立ち上がってマイクを手に発言していた地元の男性（40）が叫んだ。指をさした先では、2列に並んで座る防衛省職員のうち、後列の男性職員がうつらうつらと居眠りしていた。男性の声で目を覚ました職員の視線が、伏し目がちに宙をさまよう。「何を考えているんだ。われわれは人生がかかってるぞ！」。男性は憤りの声を続けた。

この日の説明会は、調査報告書の内容を地元住民に説明するため、防衛省の要望で開かれたものだった。日程調整をめぐっては、防衛省側の提案が二転三転し、自治会を困惑させた。翌9日が地元の「鹿嶋祭」に当たっており、祭りの準備に忙しい住民もいる。社会地域報道部の秋田市担当キャップ長田雅巳は、自治会関係者から「みんな楽しみにしている祭りなので、その日は避けてほしいのだが……」というぼやきを聞かされていた。

期せずして、「ずさん調査」のスクープ掲載から3日後の開催となった説明会。これまでにない数のテレビカメラが待ち構える中、地域住民たちはこわばった表情で続々と入場した。ほぼ満

住民説明会で住民の質問に耳を傾ける防衛省職員ら
＝2019年6月8日、勝平地区コミュニティセンター

席の場内はいたって静かで、このまま淡々と進んでいくのだろうかと思いながら開会を待った。

午後3時、東北防衛局の職員が「定刻となりましたので……」とマイクで話し始めると、10人ほどの手が一斉に挙がった。「調査をやり直せ」「これではだめだ」……。説明会の開催そのものに異議を唱える声が続いた。そうした発言を「説明を聞きに来たんだろ、聞けよ」と制する声も上がり、収拾のつかない状態となった。

「進行のあり方についての意見です」と何度も声を上げる男性に、防衛省職員がマイクを渡す。「何が何でも説明会をやろうとするのは、これまでみなさんが何回も口にしていた住民に寄り添って丁寧な説明をするという精神に反しているのではありませんか」。男性の言葉に、拍手がわいた。

説明会を予定通り行うかどうかで10分ほど押し問答が続いた末、防衛省戦略企画課長の五味が「それでは」とマイクを通して説明を始めた。約40分間の説明の間、発言の機会を求めてずっと手を挙げ続ける男性がいた。これまでの住民説明会では見たことのない顔を、長田は「何者だろう……」といぶかしい思いで見つめた。

説明が終わり、質疑応答に入った。そこで質問に立って職員の居眠りを発見したのが、この男性だった。居眠りを指弾する男性の姿はその後、テレビで幾度も流されることになる。

男性は、妻と中学生、小学生の子どもと新屋演習場近くで暮らす。地元で子育てをする親の一人として、居ても立ってもいられなくなり初めて参加した説明会だった。

子育てを通じたさまざまな人間関係の中、政治的な問題に対しては自由に物を言いにくい世代でもある。「でも、あの時は黙って見ているわけにはいかないと思ったんです」。説明会から2週間ほどした後、男性は取材にそう答えた。

■定規で測る

知事や市長、住民に対して示す重要な報告書が、なぜこのようなずさんなものとなったのか。

取材に対し、防衛省戦略企画課は次のように説明した。

担当職員はまず、パソコン上で作成した国有地から近くの山までの断面図をプリンターで印刷。国有地から山頂までの間にレーダー波を遮る障害がないかを紙の上で確認した。続いて、遮蔽となる尾根などがあった場合はその標高、ない場合は山頂の標高、さらに国有地までの水平距離を紙の上で定規を使って計測。断面図上の高さと水平距離の縮尺が違っていることに気づかないまま三角関数を用いて計算し、誤った仰角を算出した。

電話越しにこの説明を聞き、松川はうそが交じっていると思った。

パソコンで作成した断面図の縦と横の縮尺比が違っているのに気づかなかったというのは、事実だろう。だが、その断面図をわざわざプリントして、図上の長さを定規で測って標高と水平距離を算出したというのは、およそ現実的な作業手順とは思えない。そこで出た数値を基にまがりなりにも「計算」を行ったのだと抗弁するための、つくりごとではないのか。

「本当は、プリントアウトした断面図に分度器を当てて角度を出しただけなのでは?」。そう尋ねると、担当者は「分度器も確かに使いました。でも、それはあくまでも計算結果が正しいかを確かめるための確認としてです」と答えた。断面図を作るために用いたのは、インターネット上の地図情報サービス「グーグルアース」ではないかとの問いにも、担当者は「どんなサービスを使ったかは申し上げられない」と言うだけだった。

一般財団法人「日本地図センター」(東京)相談役の田代博は、電話取材に対し、端的に問題点を指摘した。

「いち担当者の個人的なミスだったとしても、内部にチェック態勢があれば、誰かが気づくはずのあまりに初歩的で幼稚なミスだ。国民への説明に用いる重要な資料なのに、そうしたチェックすら防衛省はしなかったのだろうか」。防衛省の釈明と田代の指摘を盛り込んだ記事を松川は出稿した。

8日午前6時59分、デジタル部長の安藤伸一(49)は、この記事を「秋田魁新報電子版」に配信した。

デジタル部門を担当して5年目の安藤は、イージス・アショアの配備計画に当初から強い関心を注いできた。住宅地に隣り合う新屋演習場への配備案には、一人の市民としても記者としても「あり得ない」という思いしかない。だが、重要な問題を扱った記事が広く読まれるとは限らないのが、ネット上のニュースの難しいところだった。

自社の記事を全国に広く届けるためにはどうしたらいいか。派手に「バズる」(拡散する)記事が必要だというのが、安藤の考えだった。5日に配信した「データずさん」のスクープも、それなりにアクセスを稼いだが、期待したほどの数字にはならなかった。スクープから数えて4本目の長文となるこの記事に、安藤は大きくバズる可能性を感じた。

記事のエッセンスをわかりやすく伝えるため、次長の長野伸(50)がグラフィックを作成。シ

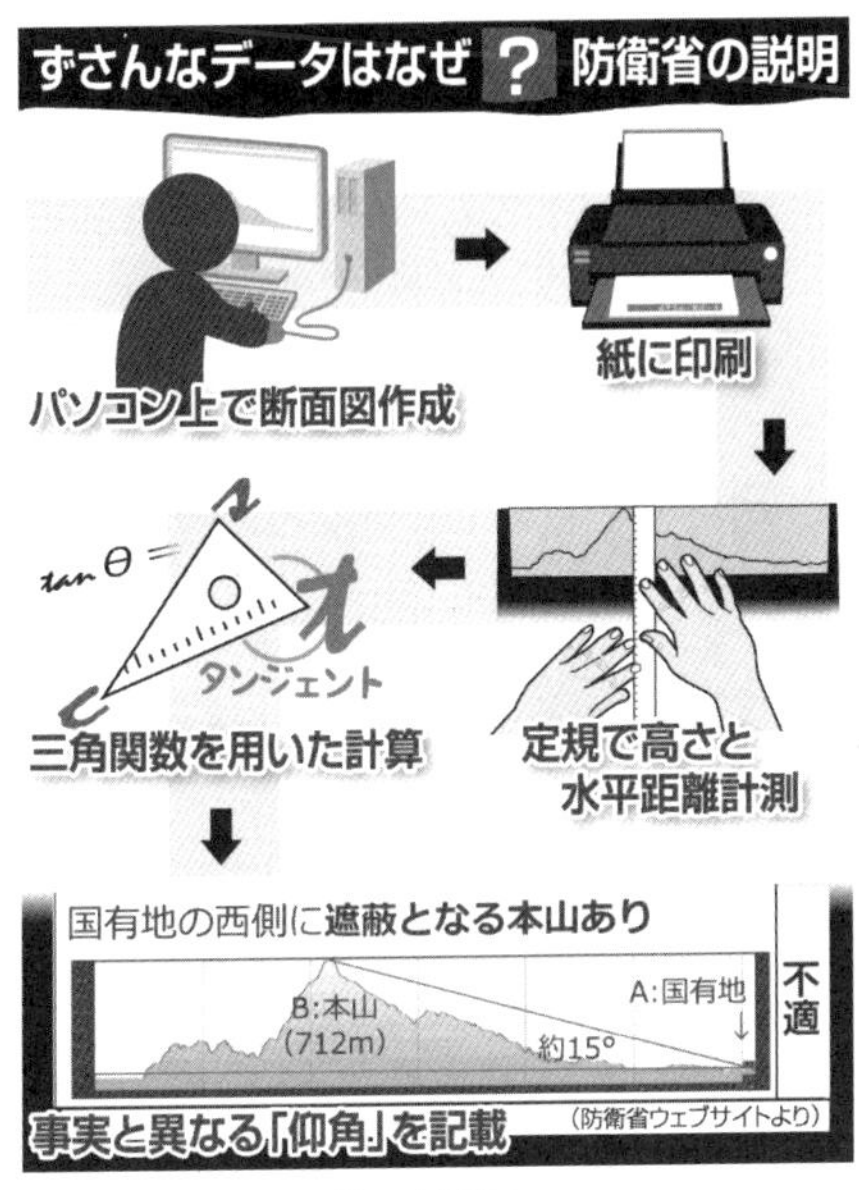

防衛省の説明を基に長野が
作成したグラフィック

ステム担当部長の竹内和樹（49）が1分39秒の動画を作った。これらを添付した記事に安藤がつけた見出しは、「定規で測って計算した」。最先端の軍事技術と文具というアンバランスな取り合わせをシンプルに盛り込んだ見出しだった。

安藤の狙いは当たり、この記事は1週間で約20万アクセスに達し、この年一番のページビューを記録した。

防衛省は後に、グーグルアースを使って断面図を作成したことを認めた。

■野党の追及

東京でも、配備問題に対する防衛省の姿勢を色濃く映し出す動きがあった。

6月12日夜、東京支社の小松田直嗣（34）に、立憲民主党からの報道各社向け一斉メールが届

調査報告書にない津波対策が明かされた野党合同ヒアリング＝2019年６月13日、衆院

いた。翌13日に国会内で「イージス・アショア虚偽調査・武器爆買問題野党合同ヒアリング」を開くという案内だった。

13日午前10時、衆院本館２階の第16控室には、衆参の野党議員と報道陣が詰めかけた。国会内でも比較的広めの会議室は大勢の人でごった返し、握手やあいさつを交わす議員たちの傍ら、防衛省職員たちが神妙な顔つきで席に着いていた。

立憲民主党・辻元清美、国民民主党・原口一博、共産党・穀田恵二の３党国対委員長が顔をそろえたヒアリングは、原口のあいさつで始まった。「うそを説明しないでください。多くの国民が防衛に対する信頼を失っているという危機感を持ってもらいたい」。語気を強めた言葉に、場の空気が締まった。

防衛省戦略企画課長の五味が説明に立

ち、資料を示しながら問題の経緯と概要を報告した。問題となった仰角の誤りは人為的なミスであり、調査手法を見直して精査した上で、再び地元に対し説明したい――。そうした説明に続き、質疑応答が始まった。

立憲民主党の白真勲は、イージス・アショアを遮蔽物のない山の上になぜ置かないのかと、素朴な質問をぶつけた。五味は「可及的速やかに配備するには、なるべく時間がかからない方がよいと考えた。（山の上だと）資材運搬など結果的に整備に時間がかかる」と答えた。

続いて、立憲民主党の辻元が激しい口調でまくし立てた。「新屋が唯一適地なんだという合理的な根拠を10個ぐらい挙げてほしい。グーグルアースは日常的に使っているのか。自衛隊では現場に行かずに、だいたいグーグルアースでやっているのか。それとも今回たまたまなのか。今回の調査報告書を承認した責任者は誰なのか」。対する五味は質問に答えず、イージス・アショアを導入する経緯について説明を始めた。いらだつ辻元は五味の説明を2度制し、質問に答えるよう促したが、五味は「グーグルアースはその特性を理解した人が使っていれば問題はなかったが、結果的にミスが出ている以上、問題があった。陸自には地図の専門部隊もおり、省内のコミュニケーションを密にしていく」などと答えるだけで、辻元が求めた「新屋が適地である合理的な根拠」についてはは答えずじまいだった。

共産党の穀田は、「新屋演習場近くには高校も、福祉施設も、小学校もある。しかし候補地選定の経緯について、防衛省は国会にも地元にも明らかにしようとしない。出された資料は黒塗りだらけ。丁寧な説明と誠意ある対応というならば、候補地選定の経緯を明らかにすべきだ」と求めた。しかし、五味は6月5日の衆院外務委員会で穀田の質問に防衛副大臣の原田憲治が述べた「公にすることで、他国との信頼を損なったり、国民に混乱を起こしたりする可能性があるため、明らかにできない」という答弁をここでも繰り返し、それがすべてだとした。

明確な答えを避け続ける防衛省の言いぶりを小松田がいらだちながら聞いていた矢先、民主党政権で防衛副大臣を務め、安保政策通で知られる国民民主党の渡辺周が、ポイントを突いた質問をした。

「能代市の国有地も由利本荘市の国有地も影響は『大』となっている。新屋だけが『影響なし』となぜ言い切れるのか」

防衛省の調査報告書は、「他の国有地」19カ所の検討の中で、大規模な地震の際に津波の影響を受ける可能性があるとして、8カ所を「不適」としていた。だが、津波の影響ということでいえば、海沿いにある新屋演習場も一部が津波の浸水想定域にかかっており、条件は同じだ。この矛盾を突いた質問に対し、五味は言った。

「新屋演習場については、県と市の津波浸水想定によれば、演習場内の施設の一部に浸水の影響があると想定されているが、われわれの検討によりますと、かさ上げなどの対策によって、津波の影響はないということです」

新屋演習場も他の国有地と同様に津波の影響を受ける恐れがあるが、かさ上げを行うから問題はない――。初めて明かされる対策に、議員たちからは驚きの声が上がるとともに、失笑が漏れた。司会を務めていた立憲民主党の本多平直が「じゃあ、ほかの所もかさ上げすれば適地になるということでいいんですね？」と念を押す。五味は「他の所についてはあくまでも可能性があるのかどうかを検討した。新屋は津波の可能性があるという前提で詳細に検討をしている」と述べたが、議員らの追及はやまない。施設計画課長の江原康雄が「(他の国有地は)場所によっては5メートル、10メートルと津波が来てしまう。そうなるとかさ上げだけでは対策できないが、新屋の場合はそれほどではない」と補足したが、議員らは収まらなかった。

結局、ヒアリングは予定の1時間を超え、その全てがイージス・アショアの問題に費やされ、もう一つの議題だった「武器爆買い問題」は取り上げられることなく終わった。

やりとりの中で、五味が「かさ上げ」について明らかにする直前、一呼吸置いたのが、小松田には印象的だった。「発言の意味を十分にわかっていたからだろうか」。信頼回復にはほど遠い防衛省の姿勢を、小松田は肌で感じた。

■後出し

外部の批判を受けて防衛省がこのような説明を後から持ち出すのは、これが初めてではなかった。

調査報告書の誤りを本紙が特報した6月5日の県議会・秋田市議会での全員協議会。正確な仰角を判断基準にすると、近くの山がレーダー波の障害とはならない国有地が4カ所生じることを、防衛省は明らかにした。「新屋が唯一の適地」という説明は崩れたはずだったが、防衛省はこれらの国有地について、配備に「不適」だという姿勢を変えなかった。

防衛省がそこで新たに持ち出したのは、次の理由だ。

・男鹿市の国有地＝現在、石油の備蓄基地として使用されており、備蓄基地を移転させることは困難

・にかほ市、由利本荘市、山形県遊佐町の国有地＝電気、ガス、水道、道路などインフラ整備の観点から問題がある

だが、男鹿の国有地が石油備蓄基地として使われているのは公然の事実であり、移転が困難だと今になって言うのなら、最初から比較・検討の対象に入れるべきではないだろう。この期に及んでそのようなことを言い出すのは、検討対象に挙げていたこと自体がアリバイ作りだったと言うようなものだ。イージス・アショアの運用までは最速でも5、6年はかかるとされている中、せいぜい1、2年もあれば整備できるであろうインフラ条件を理由に挙げるのも、いかにもこじつけというべき釈明だった。

公的な報告書の作成で犯したあまりに稚拙なミス。怒りに震える住民を前にした説明会での居眠り。批判を受けて公表した後出しの対策――。「ずさん調査」のスクープを端緒とする一連のできごとは、配備計画の真の輪郭を改めて浮かび上がらせているようだった。

敗戦国としてスタートした戦後日本のありようを大きく決定づけている米国との関係、特に日米安全保障体制という2国間の根幹を支える大枠の下、まずイージス・アショアという最新の軍事装備品を米国から購入することが決まった。そして、さまざまな事情を勘案した政治的な意思の下、その配備場所に秋田と山口の陸上自衛隊演習場が選ばれた。それが、ことの発端ではないのか。

いま自分たちの目の前で、防衛省の職員たちは、そのようにして決まった配備計画を地元に納得させるべく説明を重ねている。だが、事業の遂行が至上命題になっている以上、「地元の理解」がどうあれ、防衛省は時期がくれば配備計画を着実に前進させていくしかない立場なのだろう。

だからこそ、調査報告書はおよそ中央省庁の仕事とは思われない投げやりな仕事ぶりで作られ、住民に対する説明の場で職員が居眠りもし、報告書の不備を突かれれば、後出しでさまざまな理屈を持ち出しもする。

結論ありきの報告書には、つじつま合わせからくる矛盾がひそんでいるはずだ。そのような視点で検証した報告書には実際、大きな問題点があった。そして、それを報じたことで、結論ありきをうかがわせるさまざまなできごとがさらに相次いで起きた。ニワトリとタマゴのような連鎖の流れは、容易には決着のつかない取材の先行きを暗示するようだった。

■再調査

「ずさん調査」のスクープで火がついた防衛省に対する批判は、住民説明会での職員の居眠り、そして調査報告書にはなかった津波対策の後出しをへて、一層大きなものとなった。そうした中、防衛大臣の岩屋毅が謝罪のため6月17日に来県。知事、市長と相次ぎ会談した。

ずさん調査問題の発覚を受けて「防衛省の基本姿勢には疑問がある。話は振り出しに戻った」と協議を白紙に戻す考えを示していた知事が、「マイナスからのスタートと受け止めてほしい。一から検討しなければ協議に入ることはできない」と述べ、岩屋が「再発防止を徹底し、緊張感をもって今後の対応に当たるよう厳しく指示した」と陳謝するやりとりに目新しさはなかった。だが、岩屋の発言には、取材班が注目する一言があった。

「他の国有地の検討における数値の誤りに関しては、国有地と遮蔽物の角度をより精緻に把握するために、現地での測量調査を実施する」

配備計画をめぐる新たな焦点の一つに、防衛省が適地調査をやり直すかどうかという問題があった。

スクープが掲載された5日午後の官房長官会見では、さっそく全国紙の記者から「今後、調査をやり直すということになるのか」と質問が飛び、官房長官が「いずれにせよ、防衛省でなぜミスが起きたのかも含め、地元のみなさんにしっかり数字も含めて説明すべきだと思う」と述べる場面があった。

翌日以降、防衛大臣も次のような見解を口にしていった。

「これまでに蓄積したデータがある。それを基に速やかに内容を精査し、地元に報告、説明したい」（6日の衆院安全保障委員会）

「電波や地質などの各種調査に問題はなく、再調査の必要はない」「大事なことは正確な事実関係に基づき、具体的でわかりやすい、合理的な説明を尽くすこと。いま一度基本に立ち戻り、誠意ある対応をしたい」「その他の条件も合わせて考えた時に、新屋演習場が適地であるということを、いま一度丁寧に説明させていただきたい」（11日の定例会見）

報告書に誤りがあったのは事実だが、新屋演習場が唯一の「適地」であることには変わりないのだから、配備計画は予定通り進めていく――。岩屋の発言からは、あくまでも計画を推し進めようとする前のめりな姿勢が浮かんだ。

だが、地元を覆う空気は、それを許すようなものではなかった。

防衛省が8～10日に秋田市内で相次ぎ開催した住民説明会で参加者から上がった声は、次のようなものだった。

「防衛省の意見を押しつけようとしている」「ずさんな調査では信用できない。調査をやり直すべきだ」「今回のミスは他の候補地を落とすためのうそではないのか」「こんなミスをする人たちに安全だと言われても信用できない」

知事佐竹敬久もまた、10日の県議会本会議では次のように述べた。

「信頼性に疑問を持たざるを得ない」

「防衛省の基本姿勢には疑問がある。話は振り出しに戻った」

さらに、県議会では27日、候補地選定について「他の候補地も含めてゼロベースで再検討」するよう政府に求める自民党提出の意見書案を賛成多数で可決する動きもあった。

取材班もまた、「再調査」を行うことなしに計画を進めることはあってはならないと考えていた。特に、ずさんデータ問題の発覚後、後出しでさまざまな条件を持ち出して「他に適地はなし」という判断を維持し続けている「他の国有地の検討」については、住民が納得する再調査が絶対に必要だ。まさにそれこそが、住民が抱く「なぜ秋田なのか」「なぜ新屋なのか」という疑問に直結するからだ。

知事との会談で、岩屋はレーダー波を遮る山の仰角について「角度をより精緻に把握するため測量調査を実施する」と述べた。言い換えれば、「再調査」はその程度の内容にとどめたいという意思表示でもある。やらずもがなの測量を今さら行い、それをもって「再調査」とみなすのは、地元の期待に明らかに反している。会談後に岩屋が応じたぶら下がり取材で、松川は手を挙げた。

——仰角を実地で測量するという話をされていましたが、「再調査」は、インフラ整備や津波の影響といった条件も含めてフラットにすべての国有地について再検討するものではないのですか。

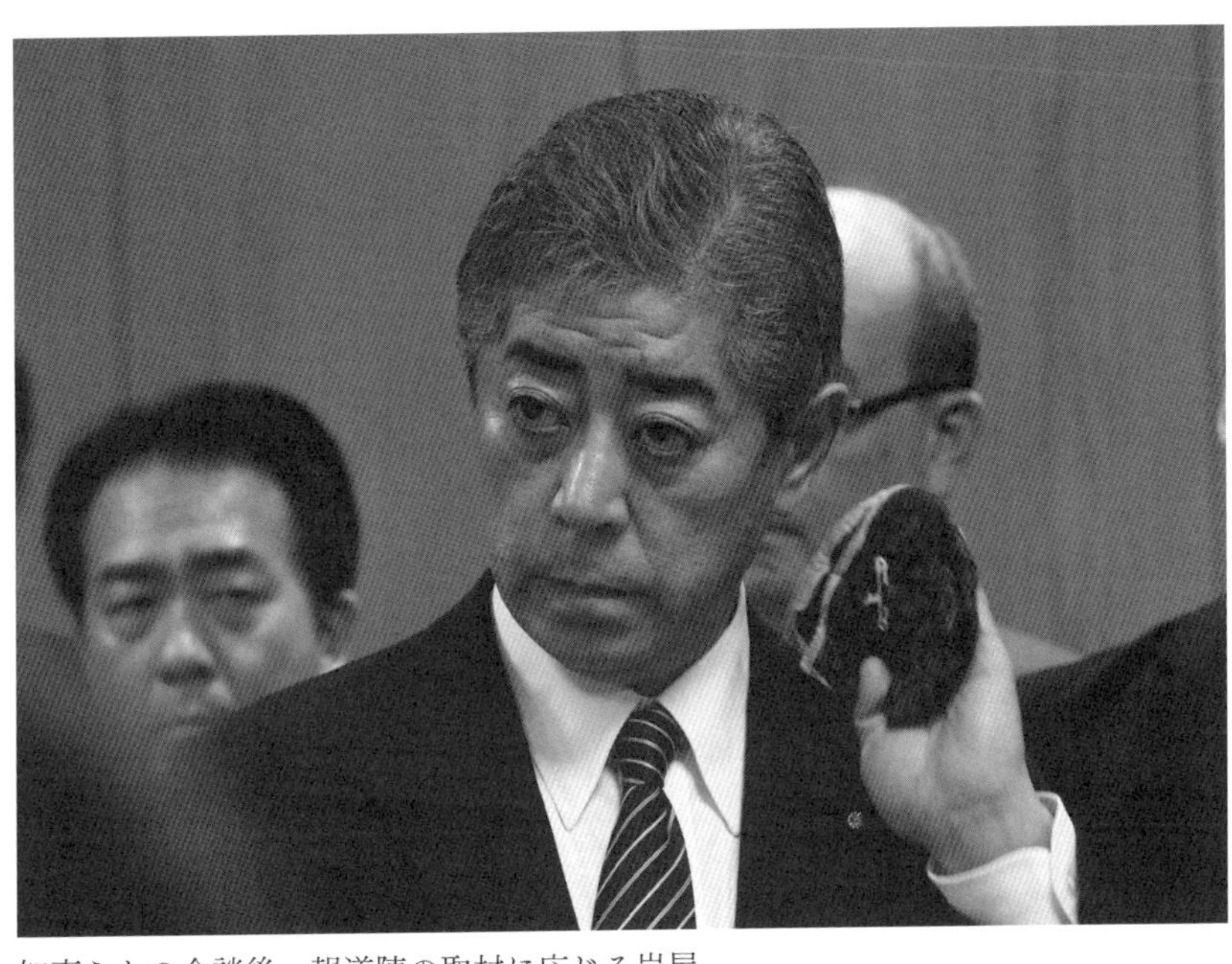

知事らとの会談後、報道陣の取材に応じる岩屋
＝2019年6月17日、秋田市役所

「他の国有地の検討をすでにしっかり行ってはおりますけれども、その検討結果をしっかりとお示しできるような材料をそろえて、再説明をさせていただきたい」

――あくまでも「再説明」ですか。「再調査」ということではないんですね、そうすると。

「いやだから、再調査した結果を、説明をし直させていただくというふうに申し上げているつもりですが」

――インフラですとか津波ですとか、そういうことを含めてということですか。そこを含む「再調査」ということでよろしいんですね。

「いや、すでに調査をしている項目もございますから、説明が足らなかった部分もあろうかと思いますので、それをしっかりと精査をして、説明をしっかりし直させていただくという……」

――では、「再説明」にとどまるんですか。

「いやだから、調査をする部分もあろうかと思います」

――「再調査」する部分もあるんですね。

「はい、はい」

松川は7月9日、東京・市ケ谷の防衛省での定例大臣会見にも出席し、質問を重ねた。

――再調査の性格については、いわゆる山の仰角を現地測量してはかり直すというふうに、極めてその部分に限定したものであるのか、あるいは他の国有地が代替地になり得るかどうかということをもっと総合的に比較・検討することをも含むのか。念のため確認させていただきたい。

「単なる仰角だけの再調査ということではなくてですね、他の国有地についても総合的に判断ができるような、そういう調査をしっかり行いたいというふうに思います」

「再調査」は、他の国有地が配備候補地たりうるかを総合的に判断する内容になる。岩屋は、そう明言した。

■取材拒否

東京では、東京支社編集部長の小松嘉和と小松田が取材に当たっていた。スクープから2週間がたった6月19日、防衛省が新設した「イージス・アショア整備推進本部」の初会合が省内で開かれた。小松は事前に報道室に電話して取材を申請したが、その回答は驚くべきものだった。

「防衛省記者会に加盟していない社の取材をいったん認めると、他の報道機関も入ってくる可能性があり、セキュリティー上、問題がある」。口ぶりは丁寧だが、要は取材拒否ということだ。

「それはないでしょう。会合でどういう議論が交わされるかは、地元住民の関心事です。取材させてください」。小松は食い下がったが、当日になっても対応は変わらなかった。本社に電話して社会地域報道部デスクの菊池史利と相談し、こうした防衛省の対応そのものを記事にすることにした。

ずさん調査問題の発覚後、防衛省の関係者らはことあるごとに「真摯に反省」「信頼回復」を口にする。しかし、記者クラブに加盟していないことを理由に取材を断るというのは、その姿勢がうわべだけであることを如実に示すものだ。防衛省の体質を目の当たりにした思いがし、小松は憤りを胸に原稿を書いた。

防衛省の記者会見場で行われる定例大臣会見
＝2019年７月９日、東京・市ケ谷

二人は、毎週火曜と金曜の午前に開かれる閣議後の定例大臣会見にも欠かさず足を運んだ。記者が20人も入ればいっぱいになる防衛省の記者会見場で、二人は全国メディアの記者に交じって座席を確保し、質問の機会をうかがった。

7月16日の会見では、ホルムズ海峡でのタンカー攻撃への対応をめぐる質問が8回続いた。防衛省が扱う問題は多岐にわたり、記者クラブに常駐する記者たちはその時々のホットニュースについて質問を重ねる。そのことを半ば当然と思いつつ、小松は、秋田魁新報のスクープが事態を動かした1カ月余り前に比べれば、記者たちの関心がイージス・アショア問題から離れつつあるのだなと感じていた。

沖縄の米軍基地問題に質問が切り替わったタイミングで、小松が手を挙げた。

――参院選の結果次第ではイージス・アショアの配備に遅れが生じかねないとアメリカの大使館側が懸念しているという報道がありました。そのような懸念を大使館が抱いていることに対しての受けとめをお聞かせ願えますか。

「まず、その、大使館が懸念を示されたということを承知しておりません」。岩屋の語り口は、いつもよりもわずかながらきつめな印象だった。

間髪入れず質問をつないだ。

――調査ミスに関して、住民への直接謝罪も大臣が検討なさっていると話していたが、その意思は固められたのでしょうか。ずさんデータ問題を受けた謝罪は、知事や秋田市長らだけを対象としたものになるのか、あるいは地元住民へも率直に頭を下げるのか。かねて気になっていた点をぶつけた。

「私の気持ちとしては、県民、市民を代表する方に、おわびをさせていただいたと考えております」

――住民に直接というのは、今のところ考えていないということでしょうか。

「考えておりません」

きっぱりと言い切る岩屋の語気には、いらだちが感じられた。

「住民へ直接謝罪、考えず」。翌日の紙面に載った記事は、配備問題に対する本音がうかがえるとして、地元で話題になった。

■参院選

7月4日、参院選が公示された。

改選数1の秋田選挙区は、自民現職で公明党が推薦する中泉松司（40）と、野党統一候補で無所属新人の寺田静（44）による事実上の一騎打ち。大きな焦点は、イージス・アショア配備問題が選挙戦にどのような影響を与えるかにあった。

県選挙管理委員会に立候補を届け出た両陣営はこの日朝、選挙戦の皮切りとなる「第一声」をそれぞれに上げた。

中泉陣営では、演説した9人のうち3人が配備問題に触れた。

自民党政調会長岸田文雄「いま秋田ではイージス・アショアの問題が大きな議論になっている。資料や説明会における対応は言語道断。防衛省や政府がどういう対応を見せるのか、厳しく見ていかなければならない。その中にあって与党として直接注文を言い、動かすことができる。これが中泉さんの立場だ」

知事佐竹「イージスの問題については、今回、自民党県議団もまさに白紙に戻すとしていて、私も白紙に戻す。私自身は、新屋ありきで交渉に来ても応じるつもりはない」

中泉「防衛省による不正確な調査と、不誠実な対応は言語道断。知事や秋田市長、県議会自民党会派からの厳しい意見は、政権与党の人間として、与党だからこそしっかりと国に伝えなければいけない。その上で、防衛省がどれだけ正確な調査をし、どれだけ誠実な対応をするかを厳しい目で見ていき、物を申し上げていかなければいけない」

第一声でマイクを握る中泉（右）と寺田
＝2019年７月４日

一方の寺田陣営は、登壇した３人のうち２人が配備問題に言及した。

秋田市歌人協会長・永田賢之助「当面の秋田県の課題として一番大きなことは、あのイージス・アショアの問題。数多くのマスコミにおいて報じられているように、一部議員が態度を曖昧にしたまま臨んでおることに、非常にいらだたしさを感じている。私はしがない歌詠みの一人だが、先日の歌会で、『イージスの問題について賛否を明らかにしないまま当選した人がいる、立派だなあ』という短歌をつくった。そうしたら第2位の点数を集めた。これまで花を詠み、孫を詠んでいた歌詠みたちの思いがいみじくも出たものと思う」

寺田「自分の息子だけではなく、秋田の子どもたちに、イージス・アショアのある未来を手渡したくない。それは、私が目指す、誰もが安心して暮らせる秋田とまったくそぐわないものだからだ。一人の県民として、一人の母親として、そして生活の不安、悩みの切実さを知る一人の女性として全力で頑張る」

ポイントの一つは、政権与党に属する中泉の陣営がイージス・アショアにどう言及するか、あるいはそもそも、政権にとっての難題となりつつあるこの問題への言及があるかどうかにあった。その観点からみたとき、防衛省に対し苦言は呈しつつ、配備計画そのものへの賛否には踏み込まない姿勢は、地元住民と政権、双方に配慮した絶妙なバランス感覚を感じさせるものだった。

しかし、この日の午後、応援弁士として来秋した自民党厚生労働部会長の衆院議員小泉進次郎は様子が違った。

JR秋田駅前のアゴラ広場に詰めかけた聴衆を前に、小泉は年金問題に終始。「2千万円問題は、われわれがやりたい改革を訴えるチャンス」と叫び、イージス・アショアには一言も触れなかった。

政治経済部政治班キャップの斉藤賢太郎は、演説後の小泉に駆け寄った。

――イージス・アショアの配備計画が秋田では争点になっている。小泉さんの考えは?

「私は今日は年金ですね」

――イージス・アショアも大きな争点だと思うが。

「争点はね、有権者の皆さんが決める。そして弁士は、自分が思いあることを語る」
本質をはぐらかす話法はいかにも小泉のものだったが、その口ぶりはむしろ、配備問題が自民党にとって対処の難しいテーマであることを感じさせた。

秋田選挙区は全国指折りの激戦区と目されるようになり、全国メディアによる報道も相次いだ。そうした中で政権は、首相の安倍と官房長官の菅がそれぞれ2度ずつ秋田入りして応援演説に歩くという異例の対応をとった。

安倍は演説の場で、配備問題に言及して謝罪の弁を述べるだけでなく、あえてイージス・アショアの有用性を説き、配備に対する理解を求める姿勢を鮮明にした。

「国民の安全を守り、命を守り抜いていくためにイージス・アショアが必要だ」「安全保障政策は、国民、地域の皆さんの理解がなければ進めていくことができない。調査をやり直し、第三者や専門家を入れて適切に調査していくことをお約束申し上げる」（7月13日、JR秋田駅前で）

「国民の安全と命を守る上で、イージス・アショアはどうしても必要だ」（7月20日、秋田市中心部で）

首相のこうした姿勢からは、選挙戦に優位な感触を得つつ、中泉の当選をもって配備計画に対する一定の信任を得た形としたい思惑が読み取れた。寺田が配備反対を前面に押し出して訴えを展開したこともあり、配備問題は選挙戦の大きな争点とみなされるようになっていった。

一方、報道各社の情勢調査では、寺田の優勢が報じられるようになっていた。政治経済部政治班デスクの荒川康一は、これまでにない地殻変動が起きているのかもしれないと感じつつ、取材現場から上がってくる報告にはそうした感触が薄いこともあり、どこか信じられない思いで流れを見つめていた。

選挙戦は次の結果となった。

当選　寺田　静　24万2286票

次点　中泉松司　22万1219票

投開票翌日、秋田魁新報は寺田当選に表れた有権者の思いを読み解く連載「風はどこから」を始めた。23日付で社会面トップに掲載した初回は、配備問題を切り口とした。

「はっきり反対」に好感／地上イージス問題　風はどこから（上）

参院選秋田選挙区は、野党統一候補の新人、寺田静さん（44）が自民現職を下し、初当選した。全国的に自民が堅調だった中、この結果はなぜ生まれたのか。寺田さんを後押しした風の正体を有権者の思いから探る。

投開票前日の20日午後7時半すぎ、JR秋田駅前。最後のマイクを握る寺田さんの姿を、約70メートル離れた物陰から見つめる人影があった。

秋田市新屋の会社員女性（32）。帰りたがる娘（6）をあしらいながら、じっと演説に聞き入る。「生の声を一度聞きたくて、ネットで予定を調べて来たんです」

政治への興味は薄く、これまでの選挙はほとんど棄権してきた。初めて「この人なら」と感じたのが、寺田さんだった。「不登校の経験とか全部さらけ出していて、すごいと思った。信頼してもいい人なんじゃないかって思えた」

寺田さんに投票した決め手は、女性自身が新屋住民の一人として向き合う、地上配備型迎撃システム「イージス・アショア」の配備問題だった。「本当にあそこに置かれるんだったら、引っ越しかもなーなんて、そんなことも考える。それなのに自民の候補は中途半端なことしか言わない。寺田さんははっきり反対と言ったじゃないですか」

選挙期間中、自民陣営は安倍晋三首相と菅義偉官房長官がそれぞれ2度ずつ秋田入りする、異例のてこ入れを見せた。「首相も、2回も秋田に来るんだったら新屋を見て行ってよって。そう思っているのは、私だけじゃないはずです」

寺田さんは「私が負けたら、秋田の理解を得たといって計画が進んでしまう」と訴えた。来県した安倍首相は、ずさんデータ問題を謝罪しつつ、「国民の安全と命を守る上で、イージス・アショアはどうしても必要だ」と強調した。選挙戦を通じ、地上イージスの問題は、数少ない明確な争点としての色を濃くしていった。

「配備問題に明確なスタンスを取っている人に入れるしかない選挙だった」。美郷町の自営業髙橋純孝さん（69）も寺田さんに票を投じた一人だ。

昨年９月、本紙投稿欄に「地上イージス配備に矛盾はないか」という一文を寄せた。仕事を通じた知人には近隣自治体の首長や企業経営者などさまざまな立場の人がおり、無党派を自認する髙橋さんは、政治の話をタブーとしてきた。

「でも、この問題ばかりは、おかしいことはおかしいと言わなければと思った。周りの目も考えたが、覚悟を持って投稿した」。掲載後、「読んだよ」と声を掛けてくれる人が何人もいた。

「いろんな事情から態度表明できない人って、きっと多いんですよ。今回の選挙結果も、そういう人たちの声が表に出た面があるんじゃないでしょうか」

秋田市新屋の元会社役員柴田明美さん（66）は、管理職だったころは自民系に投票することが多かった。しかし、今回は寺田さんに入れた。「地上イージスの問題が大きかった」

自宅から配備候補地までは1キロもない。「地上イージスを日本が導入すること自体に反対はしない。だが、あんなところに置くなんて、常軌を逸している」。ずさんデータ問題の発覚にも、大きな驚きはなかった。「防衛省が『新屋ありき』で進めているのは明らか。適地調査も、信用できるものではないと最初から思っていた」

今後、当選した寺田さんが国会で具体的に何ができるかは分からない。だが、柴田さんはこうも思う。

「少なくとも、この結果が国政に与えるインパクトは、大きなものがあるんじゃないか」

（2019年7月23日付社会面）

■民意

参院選をめぐる取材の中で見えてきたのは、配備問題に対する民意のありようだった。公示を４日後に控えた６月最後の日曜日。秋田市中心部にあるホテルの宴会場が、来場者で埋まっていった。野党統一候補としての出馬を予定していた寺田の陣営が開いた「本当のイージス・アショア説明会」の会場だった。

イージス・アショアとは、どのような防衛装備なのか、新屋演習場に配備する必要性は本当にあるのか……。陣営幹部らが、疑問点を挙げながら説明していく。

会場内で取材していた社会地域報道部の内田隆之は、増え続ける聴衆を眺めながら、それぞれの顔に浮かぶ真剣さを感じとっていた。

聴衆はたちまち４００人を超えた。このような集会は通常、選挙戦へ向けた盛り上がりの演出を主目的とする場合が多い。取材記者にとっては、主催者側のそうした思惑を割り引いた上で、有権者の支持模様を読み解くことが重要になる。

しかしこの日は様子が異なった。「説明会」が1時間ほどで閉会し、同じ会場で「寺田静氏と語る会」が始まったころには座席が足りなくなり、陣営スタッフらが追加の椅子を並べ始めた。彼らの姿は、予期せぬ事態に慌てているように映った。「配備問題に対する有権者の関心は、自分たちが感じている以上のものがあるのかもしれない」。内田は思った。

「混戦模様の東北の中でも、最も注目を集めているのが秋田選挙区」――。参院選の公示から間もない7月8日、「スポーツ報知」の社会面にこんな記事が載った。秋田選挙区はいつの間にか、在京スポーツ紙が関心を寄せるほどの注目区になっていた。

報知の記事は、前回2016年の参院選では東北6県で唯一、自民が勝利したが、今回はイージス・アショアのずさん調査問題で状況が一変したと、選挙情勢を紹介。中泉の陣営幹部を務める鎌田修悦(73)の「せめて防衛省が『ゼロから調査し直す』と言えばよかったが…。そりゃあ、逆風ですよ」という嘆息を盛り込んだ。

鎌田はこの年春まで秋田市議を4期務め、議長も経験した市議会の元重鎮。国防上、イージス・アショアは必要だという考えに立つが、選挙戦の厳しさを肌で感じてもいた。鎌田は胸の内で、選挙戦についてこう感じていた。「イージスの問題だけで選挙をやったら、地盤の秋田市でも負けるだろうな」

実際、選挙結果は鎌田が予想した通りになった。

全県で2万票余りの差をつけられた中泉は、県内25市町村中、15市町村で寺田の得票を下回った。県内の選挙関係者をうならせたのは、その中に中泉が地盤とする秋田市が含まれたことだった。鎌田は後に、秋田魁新報の取材に対し、こう述べる。「初めは新屋の話だった配備問題が秋田市全体の話になって、県全体の話になってしまった」

参院選の結果を受け、秋田市を地盤とする衆院議員の冨樫博之（秋田1区選出）は、県連会長を引責辞任した。さらに冨樫は、イージス・アショアの配備計画について防衛省に対し、「新屋への配置はもう無理だ」との考えを伝えたことを、8月下旬の取材に対して明らかにした。1年前の取材では新屋配備について「どちらかといえば賛成」と答えていたスタンスからは、180度の転換だった。

配備をめぐる民意は、参院選の期間中に秋田魁新報が行った電話世論調査でも示された。7月14〜16日に実施した調査では、イージス・アショアを新屋演習場に配備する防衛省の方針に対し、「反対」あるいは「どちらかといえば反対」と答えた人が60・7％。「賛成」あるいは「どちらかといえば賛成」の28・0％を大きく上回った。

地域別では、県内6地域すべてで「反対」「どちらかといえば反対」が半数を超えた。特に、新屋演習場を抱える秋田市では、「どちらかといえば」を含まない単独での「反対」だけで45・8％を占めるに至った。

また、住民に影響を与えないよう安全に配備できるとする防衛省の説明を「信用できない」あるいは「どちらかといえば信用できない」と回答した人も69・3％に上った。

7月下旬、社会地域報道部の川村巴は1年ほど前に取材したことのある女性に連絡をとった。前の年の6月に防衛省が開催した住民説明会の場で「あなたに小さな子どもがいたら、近くにミサイル基地のある学校に安心して子どもを通わせられますか」と防衛省に迫った、自営業伊藤一恵（49）だ。

川村は青森県八戸市出身で、秋田県内の大学を卒業。札幌市で3年余り事務系の仕事をする中

地上イージス 反対60％

県内世論調査 賛成の2倍超に

秋田魁新報社が14～16日に県内有権者を対象に行った電話世論調査で、秋田市の陸上自衛隊新屋演習場に地上配備型迎撃システム「イージス・アショア」を配備する防衛省の方針に「反対」「どちらかといえば反対」と答えた人は計60・7％となり、「賛成」「どちらかといえば賛成」を合わせた28・0％を大きく上回った。住民に影響を与えないよう安全に配備できるとする防衛省の説明を「信用できない」「どちらかといえば信用できない」と回答した人は計69・3％。住宅地に隣接する演習場への配備について多くの人が懸念している実態が浮き彫りとなった。

（大原進太郎）

防衛省説明、信用せず7割

調査は参院選に合わせて実施。防衛省の地上イージスの配備方針について「反対」と答えた人は選択肢の中で最多の39・1％。次いで「どちらかといえば反対」21・6％、「どちらかといえば賛成」18・0％、「賛成」10・0％だった。無回答は11・3％だった。

配備について「反対」「どちらかといえば反対」を合わせた否定的な回答は全年代で50％を超えた。特に20代以下68・1％、30代63・5％と若い層の高さが目立った。女性の63・4％、男性の57・5％が否定的な回答だった。

地域別でも県内全6地域で否定的な回答がそれぞれ半数超を占めた。大仙・仙北の65・2％が最も高く、次いで秋田市64・1％、横手・湯沢63・9％だった。秋田市の回答は「反対」（どちらかといえばを含まない）と答えた人の割合が45・8％と6地域で最も高く、候補地を抱える地元の強い反対姿勢が顕著となっている。

防衛省は5月下旬、県や秋田市、地元住民に示した調査報告書で、住宅密集地の近くでも対策を講じれば安全に配備できると説明した。こうした説明について「信用できない」との回答は44・2％で最も多い。これに「どちらかといえば信用できない」25・1％、「どちらかといえば信用できる」16・9％、「信用できる」7・2％と続いた。

防衛省が示した調査報告書では事実と異なるずさんなデータが使われていたことも判明しており、同省への信頼感が根幹から揺らいでいることも影響しているとみられる。

配備の受け入れの是非につ

▽調査の方法＝本県選挙区の有権者を対象に14～16日の3日間、コンピューターで無作為に電話番号を発生させてかける方法で、秋田魁新報社が実施した。実際に有権者がいる世帯にかかったのは1130件、このうち849人から回答を得た。まだ投票態度を決めていないとした人には、調査時点の意向を聞いた。

地上イージス新屋配備について

賛成 10.0(%)
どちらかといえば賛成 18.0
反対 39.1
どちらかといえば反対 21.6
分からない・無回答 11.3

防衛省の説明について

信用できる 7.2(%)
どちらかといえば信用できる 16.9
信用できない 44.2
どちらかといえば信用できない 25.1
分からない・無回答 6.7

佐竹知事の姿勢について

理解できる 29.7(%)
どちらかといえば理解できる 26.1
理解できない 24.4
どちらかといえば理解できない 13.2
分からない・無回答 6.5

※四捨五入のため合計は必ずしも100％にならない

寺田氏支持の7割反対

参院選本県選挙区投票予定

秋田魁新報社が実施した世論調査では、参院選本県選挙区で初当選した無所属の寺田静氏(44)に、地上イージスの新屋配備に反対姿勢の人の支持が集まる傾向が目立った。寺田氏に投票すると答えた人のうち、72・3％が配備に「反対」または「どちらかといえば反対」と回答した。

寺田氏は選挙期間中、地上イージスの新屋配備について展開。選挙戦でも配備に反対する人の一定の支持を集めた可能性がある。

一方、自民党現職の中泉松司氏(40)は防衛省のずさんなデータ問題について批判したものの、地上イージス配備への賛否は明確にしなかった。

調査によると中泉氏に投票すると回答した人のうち、配備に反対姿勢の人は47・2％

寺田、中泉各氏に「投票する」と答えた人の内訳

地上イージス新屋配備について (%)	賛成	どちらかといえば賛成	反対	どちらかといえば反対	分からない・無回答
寺田　静氏	7.7	14.1	52.2	20.1	5.9
中泉松司氏	15.7	26.6	26.7	20.5	10.5

新屋演習場への配備「反対」が60％に上った
世論調査の結果を伝える2019年7月23日付1面記事

で、社会的に弱い立場の人の力になれる仕事として学生時代からあこがれていた新聞記者への思いを募らせ、２０１６年に秋田魁新報へ転職した。

あの取材の数日後、川村は伊藤に連絡をとり、再度じっくりと話を聞かせてもらえないだろうかと頼んだ。だが、承諾は得られなかった。配備候補地の近くに生活する一人の母親として率直な思いを述べただけの伊藤だったが、その後、周囲から「何を言っているの」とあしざまに言われることが続いたため、発言はもう控えたいという話だった。川村は「もしいつか気持ちや状況が変わったら、またお話しさせてください」と言うのが精いっぱいだった。

あれから1年が過ぎた。あのころ、初めて防衛大臣の来県を取材した時には緊張感でいっぱいだった自分も、いまではそうした場面で冷静に対処することができるようになった。同じ時の経過の中で伊藤はいま、参院選の結果について、そしてイージス・アショアの問題についてどう考えているのだろうか。迷った末、電話すると、伊藤は明るい声で言った。

「イージスのことですね。取材、大丈夫ですよ」

7月下旬、再会した伊藤は、表情も明るかった。

「配備反対を表明する町内会も増えてきて、この問題をタブー視するような空気がなくなってきた感じがするんです」。伊藤は言った。

「それに、さきがけさんがずさんな調査のことを伝えたでしょ。もっと地元が反対の姿勢を示せば、もしかしたら計画が変わるかもしれない。そういう希望が持てるようになったんです」

自分たちの報道の積み重ねが一人の住民の心に響いていた。

この仕事を選んでよかったと、今さらのように川村は思った。

紙面から

- ［連載］秋田と山口
- ［連載］レーダーの現場から
- ［連載］配備地を歩く：ルポ東欧の地上イージス
- ［連載］盾は何を守るのか
- 柳田邦男さんインタビュー

地上イージス

秋田と山口

（2018年1月23日〜25日付に掲載）

第196通常国会が1月22日召集され、地上配備型迎撃システム「イージス・アショア」（地上イージス）の導入の是非が議論される。配備候補地には秋田市のほか、山口県萩市が挙がっている。秋田市の候補地は市街地に近接しているのに対し、萩市の候補地や米ハワイにある米軍の地上イージス実験施設は民家から離れた立地にある。秋田、萩両市民の受け止めにも温度差がうかがえる。

生活圏、近さ際立つ新屋

（2018年1月23日付）

幕末の思想家吉田松陰の私塾「松下村塾（しょうかそんじゅく）」がある萩市の中心部から車で40分。山道を進んだ先に陸上自衛隊むつみ演習場はある。住民の生活圏から離れたこの場所が、地上イージスの配備候補地だ。演習場の名称は、2005年の市町村合併前の旧むつみ村に由来する。

1月中旬の真冬でも山口県内の市街地に雪はないが、演習場周辺には湿った雪が積もっている。車両のわだちが残る入り口付近の看板には「許可なく立入禁止」の赤い文字。木々が生い茂り、道路から敷地内は見通せない。

約1キロ離れた集落に住む農家の男性（60）は、政府の説明がないためよく分からないとしながら「この辺は人口も少ない。（配備は）仕方がないんじゃないか」と話す。配備自体、あまり気に留めていない様子だった。

男性によると、集落の人口は減り続けているという。田畑の合間に点在する家々を指さしながら「そこも、あそこも空き家。過疎化が進み生きていくので精いっぱい。イージスがどうこうって言ってられる状況じゃないよ」。

近くに住む女性（80）は「山の中で人口が少ないし、大きな施設も近くにない。配備先に選びやすかったんだろう」と、地元が候補地に挙がったことに理解を示す。一方で「配備によってどんな影響が出るかは不安だ」とも話した。

住民によると、地上イージスの配備に関して抱える不安は大きく二つある。レーダーが発するとされる電磁波の影響と、ミサイル防衛の拠点が置かれることで攻撃対象になり得るリスクだ。

山あいのむつみ演習場は最寄りの集落から離れている。ハワイの米軍実験施設も見渡す限り民家はない。加えて、レーダーや司令塔からミサイル発射台は直線で6キロ近く離れた配置となっている。ルーマニアの配備地も民家から離れた場所にあるという。

これに対し、秋田市の配備候補地である陸自新屋演習場は市街地に隣接する。日本海沿いとはいえ、南は道路を隔ててすぐに秋田商業高校や勝平小中学校、住宅地があり、東は秋田運河を挟んで工業団地、北は県立総合プールやこまちスタジアムがある。他の配備地や実験施設と比べると、秋田市の配備候補地は生活圏の近さが際立つ。

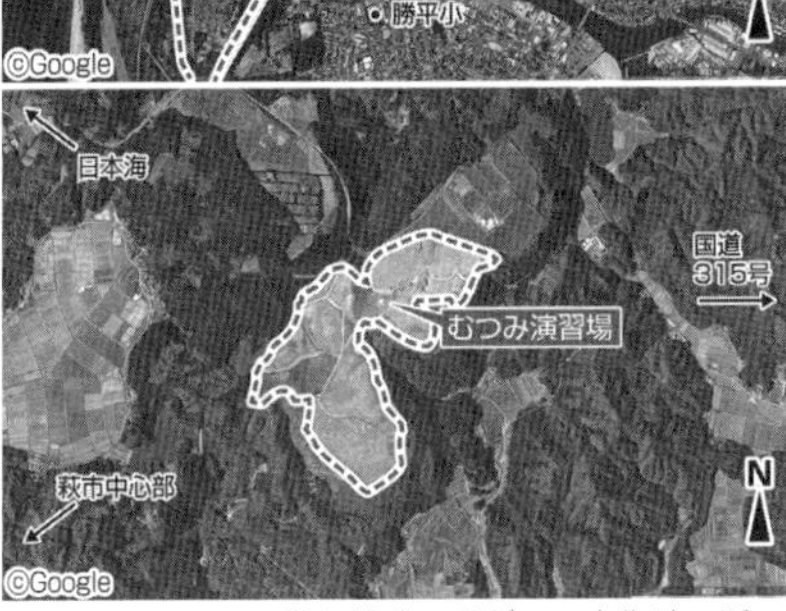

地上イージスの配備候補地に挙がる、市街地に近い秋田市の新屋演習場周辺（上）と、山に囲まれた山口県萩市のむつみ演習場周辺

先の萩市の女性は「この田舎でさえ配備には不安がある。学校や家の近くだったら反対するでしょう」と話した。

首相お膝元、住民静観 （2018年1月24日付）

「お上が決めたことには心が広い。それが、ここら辺の住民気質。安倍さん（安倍晋三首相）が決めたのなら、私らに悪いようにはせんだろう」

陸上自衛隊むつみ演習場（山口県萩市）から約2キロの集落で商店を営む女性（61）が淡々と語った。「反対の仕方も知らないし、私らがドタバタしても仕方がないよ」。

近所の別の女性（85）は「（演習場は）山の中だから、配備先としては条件がいいと思う。不安はあるけど、お国のため反対はしない。ただ、何かしら地元への見返りは（政府に）要求しないとね」と話す。

秋田市とともに地上配備型迎撃システム「イージス・アショア」（地上イージス）の候補地に挙げられる山口県では、集会や運動、県議会での意見書案提出といった具体的な動きがほとんどない。

住民らによると、陸上自衛隊員が演習場に増員されることによって、地域にお金が落ちることを期待し、積極的に地上イージスを受け入れたいとの声もある。

山口県平和運動フォーラムの桝本康仁議長（55）は「山口はガチガチの保守王国。地上イージス導入に寛容な住民感情も踏まえると、真っ向から反対の声を上げる運動は難しい」と話す。

安倍首相のお膝元である山口県の首相輩出数は、初代の伊藤博文から現在の安倍首相まで8人と全国最多だ。戦後は道路整備をはじめ、自民党政権の恩恵を受けてきたと感じている年配者は多いという。

加えて、山口県には特別な事情もある。県内にある米軍岩国基地の存在だ。米空母艦載機の厚木基地（神奈川県）から岩国基地への移駐が進められており、騒音や墜落事故への懸念が影を落としている。フォーラムの桝本議長は「山口にはこういう大きな問題があり、イージス・アショアはその陰でかすんでいる」と指摘する。

雪が残る山中にある陸上自衛隊むつみ演習場の入り口（右）＝2018年1月16日、山口県萩市

1月18日に告示された山口県知事選も、現職の4年間の県政運営に対する評価が主な争点であり、地上イージス導入の是非は議論になっていない。

国内に2基配備すれば、日本全土を弾道ミサイルなどから守れるとされる地上イージス。配備先候補地である秋田市の新屋演習場とむつみ演習場では、立地環境も地元住民の反応にも差異がある。

なぜ、秋田と山口の2カ所なのか。レーダーが放つ電磁波の影響などはないのか。きょう24日に始まる通常国会代表質問と、委員会での政府側の説明が注目される。

情報不足、不安あおる

（2018年1月25日付）

「無防備ではいられない」「防衛のための備えは必要」「レーダーによる電磁波の健康被害が怖い」「武力衝突に巻き込まれかねない」―。地上配備型迎撃システム「イージス・アショア」（地上イージス）に関し、県と秋田市には1月24日までに市民らから計29件の意見が寄せられている。賛成7件、反対は22件に上る。

これに対し、同じく地上イージス配備候補地に挙がる山口県と同県萩市には平和団体からの意見は1件、市民からの問い合わせは3件にとどまる。陸上自衛隊むつみ演習場は萩市中心部から20キロ以上離れた山中に位置し、住宅密集地の秋田市とは環境が異なる。

陸自新屋演習場は２００９年、北朝鮮の長距離弾道ミサイル落下に備え一時的に地対空誘導弾パトリオット（ＰＡＣ３）が配備された。だが、敷地境界のすぐ先に秋田商業高校や勝平小学校があり、１キロ圏内に住宅地が広がる。官庁街からも約２・５キロの位置だ。

配備候補地と生活圏の近さは不安の種となっている。「政府は包み隠さず説明してほしい」と話すのは、子ども２人が勝平小に通う女性（38）。「迎撃する際、近隣に被害は出ないだろうか。どんなリスクがあり、住民をどう守る考えなのだろうか」と続けた。

住民が不安を募らせているのは、生活圏との近さに加え、情報不足もあるからだ。「イージス・アショア問題を考える新屋住民の会」の佐藤信哉代表（56）は「政府の説明がなく、どんな影響が出るか分からない。地域の将来に関わる問題であり、地上イージスがどういうものなのか、住民として勉強していかなければならない」と話す。専門家を招き、２月３、４日に勉強会を予定している。

2009年４月に一時的に陸自新屋演習場に設置されたＰＡＣ３の発射機。奥は秋田市中心部

冷静に受け止める声もある。新屋で理容店を営む髙橋浩典さん（54）は、防衛力強化は必要との立場。生活への影響についても心配していないという。一方、配備先が既定路線化している雰囲気を感じており「政府から地元への事前説明があっていい」と指摘する。

既に地上イージスが導入されているルーマニアでは、１００人以上の軍人が任務に当たっており、新屋演習場にも同規模の自衛隊員が着任する可能性がある。近くで飲食店を営む藤井万里子さん（70）は「施設建設に伴う作業員を含め、食べに来る人が増えればありがたい。でも、影響も不安なので複雑だ」と話した。

配備先について、政府はまだ正式な見解を示していない。「山口は首相のお膝元で、秋田は菅義偉官房長官の出身地。理解も得やすいはずだ」とする防衛省関係者の声もある。通常国会で政府はどう説明するのか。県民は注視している。

〈終わり〉

地上イージス考

レーダーの現場から

（2018年3月29日～4月4日付に掲載）

イージス・アショア（地上イージス）の導入関連予算が3月28日、成立した。地上イージスの配備は今後どう進められ、配備先にどんな影響を及ぼすのか。ミサイルを探知する米軍のXバンドレーダーが配備されている青森県つがる市、京都府京丹後市などの事例から探った。

1 配備プロセス
適地判断「あっという間」

（2018年3月29日付）

北海道
N
米陸軍車力通信所
青森県
秋田県
岩手県

でこぼこした砂利道を抜けると、銀色のフェンスと有刺鉄線に囲まれた一角が見えてきた。フェンスには「写真撮影禁止」、「許可なくこの区域に入るのは法律違反」と記された看板が掛かり、物々しい雰囲気が漂う。車で八峰町を北上して約2時間45分。青森県つがる市車力（しゃりき）地区にある米陸軍車力通信所は、ミサイル防衛用の早期警戒レーダー「Xバンドレーダー」を置いている。

レーダーは米本土を狙う弾道ミサイルを探知するのが目的。米国が北朝鮮のミサイル開発を踏まえ、日本政府に要請して配備した。

人口約3万3千人のつがる市は2005年2月、旧車力村を含む5町村が合併して誕生した。レーダー配備の話が持ち上がったのはこの年の10月だった。つがる市企画調整課の清野幸喜課長（56）は「配備はあっという間に決まった。車力以外の候補は元々なかったのだろう」と振り返る。

レーダーの配備先は航空自衛隊車力分屯基地が有力

青森県つがる市へのXバンドレーダー配備の流れ

2005年 10月	国がXバンドレーダーの車力分屯基地への配備を検討と報道が出る
12月2日	**つがる市が配備先最有力候補に選定され、現地調査に入ると国から連絡**
2006年1月16日	つがる市議会全員協議会で防衛庁が説明
24日	車力地区住民説明会
3月 3日	**車力分屯基地がXバンドレーダーの展開地として最適と国が通知**
9日	車力地区住民説明会
17日	つがる市長に防衛庁が説明
26日	青森市で県民説明会（県主催）
28日	つがる市議会全員協議会で防衛庁が説明
30日	**つがる市、県が受け入れ表明**
6月22日	Xバンドレーダーを車力分屯基地に移送
26日	**Xバンドレーダー運用開始**

つがる市企画調整課まとめ　※防衛庁は当時

との報道が出ると、12月に国から「つがる市を最有力候補と選定したので、現地調査に入る」と連絡が入った。基地内の測量や電波環境の調査が行われ、わずか3カ月後の翌年3月上旬には「車力がレーダーの展開地として最適」との通知が届いた。

当時、地元にはレーダーが発する電磁波による健康被害や農作物への影響を懸念し、配備に反対する声が上がった。しかし市は▽農作物被害が出たら、国が補償する▽基地の増強はしない▽住民の不安解消に万全を期す―の条件を付け、06年3月末に青森県と共に受け入れを表明。6月に運用が始まった。

一方、国内のもう一つのレーダー配備先である京都府京丹後市では14年12月から本格運用されている。同市では国の配備申し入れを地元が容認するまでの期間は約7カ月だった。

国が防衛関連施設を配備する際、こうした〝定型〟の手続きで進めると指摘する専門家もいる。地上イージスに関しても政府は配備先を決めていないとするが、事前に現地調査を行う方針は示している。

つがる市の清野課長に秋田市が地上イージスの配備候補地に挙がっていると水を向けると、レーダー配備に地元が揺れた13年前の状況と重ね合わせ、こうつぶやいた。

「急に防衛省の担当者が秋田に来て首長に調査への協力を要請するかもしれませんよ」

2 地元の姿勢　消えた配備反対の声

（2018年3月30日付）

「国がやることなら仕方ないと諦める気持ちがあった」。青森県の旧車力村議で農業を営む松橋伊左美さん(73)は、そう振り返る。2006年、つがる市の米陸軍車力通信所にミサイル防衛用の早期警戒レーダー「Xバンドレーダー」が配備された当時の心境だ。

車力地区は人口約4500人、高齢化率35％超の農村だ。05年秋にレーダー配備の話題が急浮上するとナガイモやゴボウ、コメ生産を手掛ける農家らの間に反対の声が渦巻いた。「レーダーの電磁波が人体や農作物に影響を及ぼすのではないか、米軍人

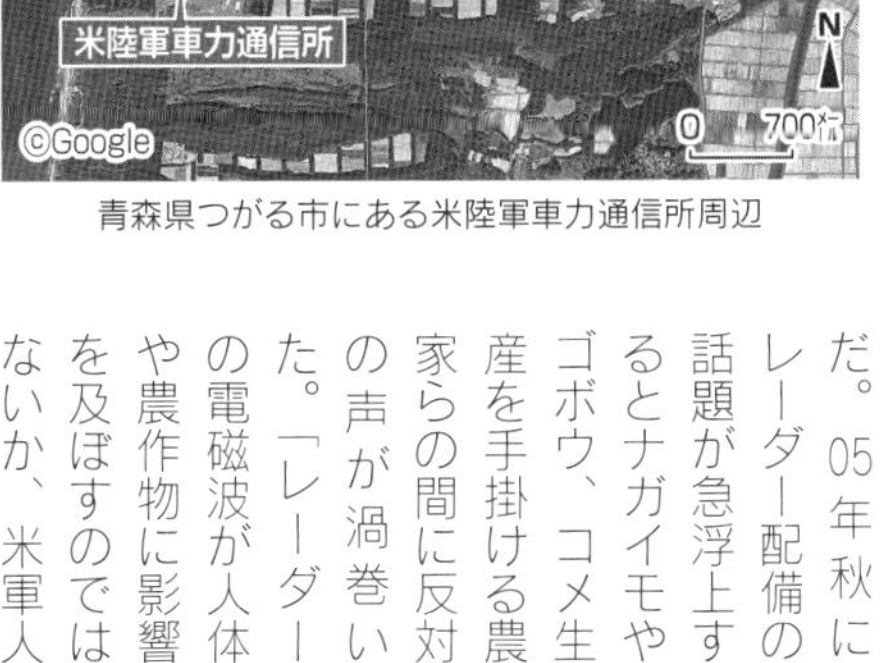

青森県つがる市にある米陸軍車力通信所周辺

の駐留が治安悪化につながるのではないかという意見が大半だった」と市企画調整課は説明する。

県と市はこうした住民の声を受け、06年1〜3月に防衛庁（現防衛省）の担当者らを招いた説明会を計5回実施。国側の説明は「電磁波による人体や農作物への影響はない」という内容だった。

住民らは配備反対の会をつくって声を上げたが、最終的には市と県の受け入れ姿勢を支持。積極的な賛成はなかったが「国防上、必要と言われたら協力しなければいけない」という結論に至ったという。

配備から10年以上が経過した現在、電磁波による健康被害は確認されておらず、地元で反対を叫ぶ人はいない。車力通信所から直近の集落までの距離は3・8キロ。40代自営業男性は「日常生活の中でレーダーの存在は気にならない」と話す。

つがる市防衛議員連盟の白戸勝茂会長（73）は、地元から反対の声が消えた要因として、車力通信所の設置により国から支給された約32億円の米軍再編交付金を挙げる。市は07年度以降、交付金で市民のがん検診無料化事業を行ったり、市内循環バスを購入したりしている。

「レーダーがあるだけで黙っていても地元にお金が入った。市民も検診無料化といった恩恵を受けていることを知っている」と白戸会長。ただ、交付金の支給は10年で終了した。レーダーは依然として地元にあるため、新たな財政措置を国に求める必要があると考えている。

白戸会長は地上イージスの配備候補地に秋田市が挙がっていることを念頭に、こう続けた。「国は貧乏な地方を狙ってくる。秋田も人口減が続き、財政的には楽ではないよね」。国が今後、地上イージスの配備先を明示した際、地元はどう賛否の声を伝えていくのか——。

3 想定外

自家発電で騒音発生（2018年3月31日付）

ブーンというモーター音が、波音をかき消して一帯に鳴り響いていた。

京都府の丹後半島の北端にある米軍経ケ岬（きょうがみさき）通信所（京丹後市）から聞こえる音だ。ここにはミサイル防衛用早期警戒レーダー「Xバンドレーダー」がある。敷地の境界フェンスには「WARNING」（警告）の看板が掛けられ、立ち入りが禁じられている。

「これでもだいぶよくなったのよ」。レーダーから600メートルほど東にある袖志（そでし）地区の平賀喜久子さん（73）が話す。「夜、テレビと明かりを消して家の中が静かになると、あの音が聞こえてくるの。夫は『ぐっすり眠れない』って気にしてねえ」

青森県の米軍車力通信所や京都府の経ケ岬通信所に配備されているXバンドレーダー（防衛省提供）

この地にレーダーが搬入されたのは、2014年10月。当初から電磁波による健康への影響、米兵・軍属の滞在による治安上の不安など、懸念材料はさまざまあった。だが、実際に住民を苦しめたのは、誰も想定していなかった騒音問題だった。

モーター音の発信源は、レーダーに電力を供給する6機の発電機。被害を訴える住民が目立ったのは袖志地区と、レーダーの南西約400メートルにある尾和（おわ）地区だった。

風向き、家の位置や高さによって、発電機は睡眠を妨げるほどの騒音を住民にもたらした。市基地対策室の担当者は「完全に想定外の事態だった」と振り返る。

住民からの苦情を受け、米軍は15年3月までに全ての発電機にマフラー（消音装置）を設置。防衛省近畿中部防衛局によると、この対応で一定程度、騒音被害が抑えられたという。

尾和地区で暮らす男性（76）は「ひと頃は2階で寝る息子が気にしていたけど、マフラーが付いてからは、風向きが悪くなければ音は気にならなくなった」と話す。ただ、経ケ岬通信所の周辺は今もモーター音が響いており、騒音問題が完全になくなったわけではない。

住民が解決のために望んでいたのは、発電機を取り除き、レーダーが電力会社から電力供給を受けること。今年7月からの実施が決まり、住民生活に悪影響を及ぼした騒音問題は、レーダー設置から4年近くを経て、ようやく解決のめどが立つ。

秋田市の陸上自衛隊新屋演習場が候補地に挙がる地上イージスのレーダーについて、新屋地区では生活環境への影響を懸念する声が上がっている。京丹後市の担当者は「電力供給の問題をはじめ、さまざまな可能性を確認するべきだ」と話した。

4 条件闘争

交付金、期間は限定的（2018年4月1日付）

約60世帯が暮らす京都府京丹後市の袖志（そでし）地区。日本海沿いの東西約500メートルにわたり、経年変化で灰色になった板張りの家屋が密集する。昔ながらの農村、漁村の風情を残す集落だ。

その中で、赤や青の鮮やかな遊具が整備された広場が目を引く。「立派な遊具に子どもたちが喜んだよ」。町内会長に当たる区長の増田巧さん（66）が胸を張った。

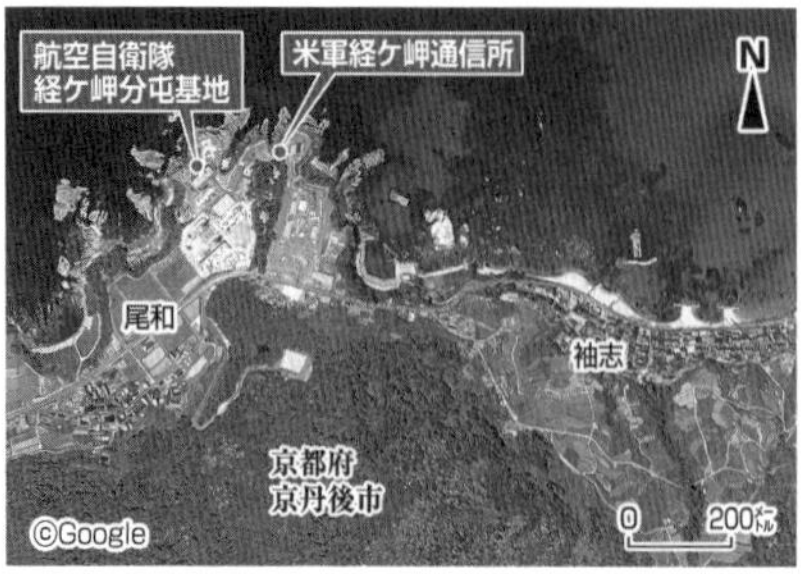

この遊具は、市が730万円かけて2017年3月に整備した。財源は米軍再編交付金。同地区から600メートル西で14年12月、米軍のミサイル防衛用早期警戒レーダー「Xバンドレーダー」が本格稼働を始めたことに伴い、国の防衛予算から充てられた。

14年度以降、近くの尾和（おわ）地区も含め、この交付金を活用した市の事業が相次いで予算化された。内容は農道や水路の整備、サルやイノシシの有害鳥獣防除、防波堤の改良など多岐にわたる。

防衛省から市にレーダー配備の申し入れがあったのは13年2月。尾和区長の田中巧さん（69）は「当初も反対の声が大きかったわけではない。国の方針にはあらがえないだろうから」と振り返る。

府と市の受け入れ表明の前、袖志地区住民は、防衛省近畿中部防衛局と市長宛てに、地元への交付金を求める要望書を提出していた。別のある区長が明かす。「配備への不安はあったが、反対ばかりしても仕方ない。地元住民の多くは最初から（対価を求める）条件闘争の考えだったんだ」

レーダー配備の受け入れで同市には14年度以降、5年間の交付金支給が決まった。17年度までの累計は28億円。最終18年度の額は未定だが、先に受け入れた青森県つがる市に支給された累計32億円と同等となる見込みだ。

京丹後市の年間の一般会計は約330億円。交付金の総額はその1割を占める。「相当助かってますよ」と市の担当者。だが、その交付金もあと1年で終わる。同じくXバンドレーダーを受け入れたつがる市では、既に16年度に終了した。施設は残り続ける一方、交付金の支給期間には限りがあるのが現実だ。

鮮やかな色合いが目立つ袖志地区の広場の遊具。米軍再編交付金で2017年3月に整備された

地上イージスの配備が決まった場合の地元への対応はどうなるのだろうか。防衛省は「まだ配備場所が決まっていない段階。施設の設置や運用で生じる障害が明確でなく、どのような補償が行われるかの回答は困難」としている。

5 電磁波の影響
飛行制限区域を設定
（2018年4月2日付）

「空からの捜索一時制約」。2006年8月1日、青森県の地元紙にこんな大見出しが載った。

記事は、2日前の7月30日夕に青森県つがる市車力（しゃりき）地区の海岸で発生した水難事故の続報。水上バイクに乗った男女2人が行方不明となり、事故翌日の31日に捜索が行われたが、米軍の早期警戒レーダー「Xバンドレーダー」の影響でヘリコプターでの捜索が制限されたと伝えていた。

記事などによると、影響とは、レーダーが同年6月に車力地区に配備されたことに伴う飛行制限区域の設定だ。レーダーが発する電磁波が航空機の計器類に悪影響を与える恐れがあり、つがる市ではレーダー西側の半径6キロ、高度6キロが制限区域となった。捜索・救助の際は海上保安庁などが米側と協議し、制限を解除することになっていた。

しかし、この事故では県防災ヘリなどが男女2人を捜索中に米軍が飛行制限を解除しない時間帯があったといい、記事は、人命救助の際の対応に遅れが出るのではないかと話す捜索隊員の懸念を紹介していた。

青森海上保安部は当時の報道機関の取材に「米側との連携は滞りなく進み、捜索に支障はなかった」とした。しかし、つがる市企画調整課の職員は約12年前に起きたこの事故を振り返り、「飛行制限はレーダー配備に伴うデメリットの一つだ」と話す。

Xバンドレーダーのもう一つの配備先・京都府京丹後市の米軍経ケ岬（きょうがみさき）通信所は日本海に面した岬にあり、海側の半径6キロが飛行制限区域だ。

府医療課によると、制限区域内をドクターヘリが運航せざるを得ない時もあり、そうした場合は各自治体の消防本部が電話やファクスで経ケ岬通信所の指揮官に電波の停止を要請している。14年12月のレーダー配備後、消防からの要請は9回あった。停波は要請から数分程度で行われ、ヘリの運航に支障が出たケースはないという。

フェンスに囲まれた米軍経ケ岬通信所。日本海側が飛行制限区域になっている

秋田市の陸上自衛隊新屋演習場が配備候補地に挙がる地上イージスも、ミサイルを捕捉するレーダーを備える。しかし、飛行制限区域が設けられるかどうかについて、これまでの国会審議では明らかになっていない。

ただ、水難救助や患者の搬送などで本県上空を頻繁にヘリが飛んでいる。県の名越一郎総務部長は「(仮に地上イージスの配備先が)秋田だとすれば、飛行制限などの影響があるのかないのか、国からしっかり情報を取っていきたい」と話した。

6 秋田では― 既成事実化、懸念の声

(2018年4月4日付)

地上イージスの配備候補地に挙がる本県には、弾道ミサイル防衛のレーダーが配備されている。男鹿市の航空自衛隊加茂分屯基地にある「FPS3改」だ。1992年、国外からの航空機の警戒を目的にレーダーが配備されたのが始まり。2008年に改良が施され、弾道ミサイル探知機能が追加されている。

「FPS3改」は高さ約20メートルのゴルフボールのような球体2基で一組。配備場所は住宅から1・5キロほど離れた山の頂にある。同じレーダーは、北海道、福島、佐賀など全国7カ所に配備されている。

男鹿市企画政策課によると、改良が施された当時、市の担当者は「設備増設のため大型車両が付近を通行する」といった連絡を防衛省から受けたが、設備の詳しい説明はなかったという。

弾道ミサイル探知機能が追加されたことは、後に防

衛省の資料などで知ることになった。市としては、知らぬ間に地元がミサイル防衛の要所になっていたという認識だ。防衛省は当時の市とのやりとりについて「10年前のことで確認が取れない」としている。

　レーダーの電磁波による健康被害はこれまでに確認されておらず、反対運動も起きていない。それでも同課は「基地の機能強化がある場合は、市への情報提供や住民への丁寧な説明をお願いしたい」とする。

　地上イージスが本県に配備されれば、固定式のミサイル対応装備としては「FPS3改」に次ぐケースになる。候補地に挙がる秋田市新屋地区の住民からは、何も知らされないまま配備が既成事実化されることへの懸念の声が聞かれる。

男鹿市の山林にある「ＦＰＳ３改」

　米軍Xバンドレーダーが配備された青森県つがる市や京都府京丹後市の例では、両市に配備する政府の意向が報じられて間もなく、政府が地元自治体に配備を打診。つがる市は3カ月後、京丹後市でも7カ月後に受け入れを決めている。

　元内閣官房副長官補で国際地政学研究所の柳沢協二理事長は、防衛施設の設置について「政府はある程度、地元自治体や地元国会議員の肯定的な反応を得てから公表する」とみる。

　18年度政府予算が成立し、地上イージス導入に向けた動きが今後本格化する。地元への打診はいつあるのか。配備により思いがけない悪影響が周辺に及ばないか。現時点では分からないことばかりだ。

　配備が進められる地元の首長や国会議員が政府にただすべきことは山ほどある。住民の声に耳を傾け、配備の妥当性を厳しくチェックする姿勢が求められる。

〈終わり〉

配備地を歩く

ルポ・東欧の地上イージス

（2018年9月26日〜10月7日付に掲載）

政府が秋田市の陸上自衛隊新屋演習場と山口県の陸自むつみ演習場に配備を目指す地上配備型迎撃ミサイルシステム「イージス・アショア」（地上イージス）に対し、地元住民から不安の声が上がっている。地上イージスはそもそもどのような施設なのか。配備に伴い生活にどんな影響があるのか、安全性は―。今月中旬、既に米軍の地上イージスが配備されているルーマニア、配備が進むポーランドを訪ね、現地の状況を探った。

1 ルーマニア・デベセル基地❶

敷地広大、人里遠く／3重構造、厳重な警備

（2018年9月26日付）

ルーマニアの首都ブカレストから車で2時間半。人口約3150人のデベセル村の周辺に広がるのは広大な原野と農地ばかり。建物は見当たらない。時折すれ違う対向車が、ものすごいスピードで遠ざかっていく。

国道54号を南下し、村に近づくと、東方に角張った灰色の建築物が地平線にぼんやりと頭を出していた。車を止め、望遠レンズを付けたカメラでのぞいてみる。船体の上部を切り出したような金属質の壁面。現在、世界で唯一、実戦配備されている地上イージスだ。

地上イージスは、ルーマニア陸軍のデベセル基地内にある米軍基地に配備されている。車が国道から外れ、デベセル基地の入り口に至る脇道に入ると、ヤギ数十匹が草をはんでいた。基地まで約1キロのこの道は放牧地に囲まれている。道路に寝そべっていた牧羊犬が、記者が乗った車の接近に跳び起き、併走してほえ続けた。

ルーマニアの国道54号から見える地上イージス
（450ミリ相当の望遠レンズで撮影）

デベセル基地の環境は、本県の配備候補地とあまりに異なっていた。

新屋演習場は、1万3千人が住む住宅地や秋田商業高校、勝平小、

中学校に近接する。敷地境界に沿うように延びる国道7号は、1日1万7千台が通過する主要道路だ。日本政府はこうした生活圏に、約1平方キロの面積を要するという迎撃ミサイルシステムを配備しようとしている。

これに対し、米軍が地上イージスを配備したルーマニアのデベセル基地は、人里離れた場所にある。しかも、その基地は、約9平方キロに及ぶ広大なルーマニア軍基地内の米軍基地の中にある。地上イージスの司令官であっても、施設に近づくには3重の厳重なセキュリティーチェックを受けなければならない。

ルーマニア軍が警備する外周の関門前で車を降りると、程なく米軍の広報担当者が姿を現した。あいさつを交わした後、こう忠告してきた。「警備上、ルーマニア軍敷地内での写真撮影はしないように。ゲートの撮影も駄目だ」

警備兵にパスポートを提示し、ルーマニア軍の敷地に入る。パソコンやカメラなど持ち物は全てチェックを受ける。その先にある米軍基地の関門では、小銃を抱えた迷彩服姿の米軍兵数人ににらまれながらチェックを受けた。

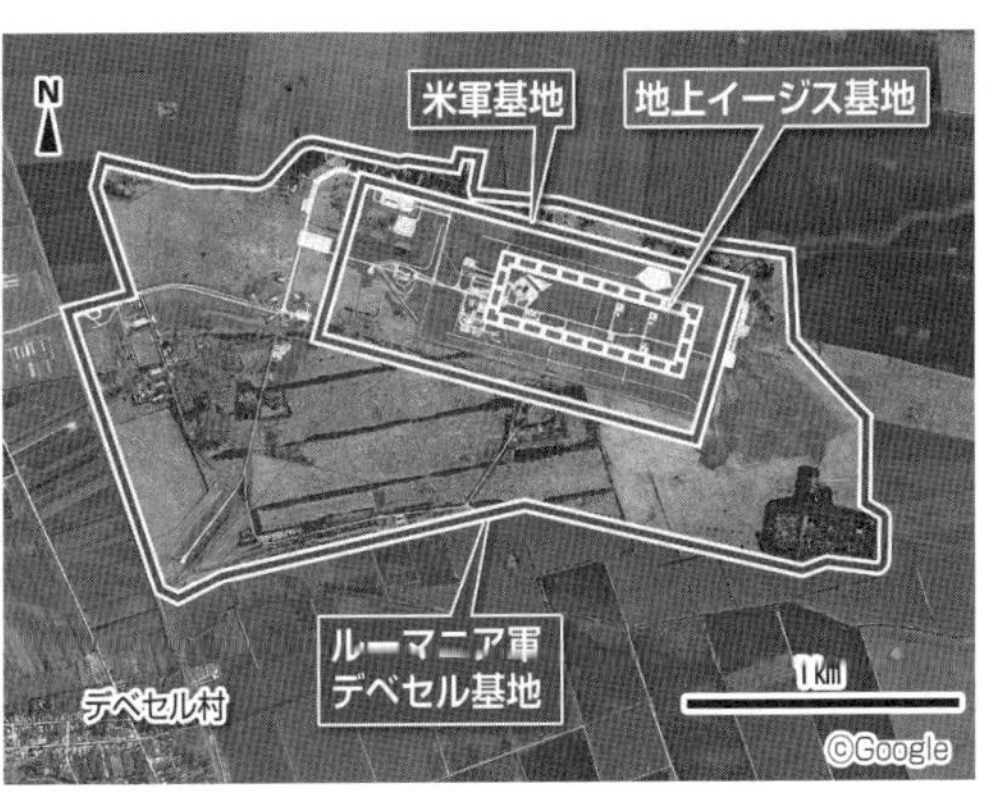

米軍基地内に入ると、あの灰色の建築物、地上イージスの中核となるデッキハウスがすぐ前方に見えた。レーダーのあるデッキハウスやミサイル発射装置など、地上イージスの構成品は柵で囲われた敷地内にあり、その中に入るにはさらにもう一つの関門を通らなければならない。

「カメラ、ICレコーダーは置いていくように」。警備兵に言われ、ノートとペンだけを手に、三つ目の関門を通過。ようやくデッキハウス前にたどり着くと、地上イージスのアクセル・ジュタイナー司令官が口にした。

「ここが基地の中の、基地の中の、基地だ」

2 ルーマニア・デベセル基地❷

欧州全域、2基でカバー（2018年9月27日付）

重々しい金属の扉を開けて入った先は、また同じような重厚な扉で閉ざされていた。

ルーマニア南部のデベセル基地にある迎撃ミサイルシステム「イージス・アショア」（地上イージス）。米軍のアクセル・シュタイナー司令官が、イージス艦の上部に当たるデッキハウスへ記者を招き入れ、解説した。

「この建物の構造は、イージスシステムを守ることを最優先に設計されている。2重の隔壁になっており、たとえ外で爆発が起きても大丈夫だ」

金属質のひんやりとした雰囲気のこの建物に、標的を捉えるレーダーや指令システムが収められている。堅固な構造だけでなく、イージス基地を内包する米軍基地、さらにそれを囲むルーマニア軍基地という配置そのものが、イージスシステムを守る陣容だ。

地上イージスは、米国が8億ドル（約900億円）かけて2015年に完成させた欧州の弾道ミサイル防衛拠点。これに対し、日本での地上イージス導入費用は少なくとも1基1340億円とされ、秋田、山口両県の陸上自衛隊演習場が配備候補地とされている。

ルーマニアの施設は16年、北大西洋条約機構（NATO）が米軍から提供を受けて稼働。システム運用の現場は米軍が担い、基地への命令はNATOが行う。これを象徴するかのように、NATO旗が基地入り口に掲げられているほか、デベセル基地のシンボルマークにも描かれていた。

記者は地上イージスのオペレーション室への立ち入りを許可された。報道関係者としては初めてという。入室前、米軍の広報担当者が「詳細なレイアウトなどは記事にしないでほしい」と求めてきた。

薄暗い部屋に複数のモニターが並ぶ。数人の米兵が、モニターの前で何やらやりとりしている。思ったよりもリラックスした雰囲気だ。

ここでは常時11人が配置に就き、警戒に当たる。イタリアとドイツの駐留米軍と通信でつな

デベセル基地の入り口。（右から）米国とルーマニアの国旗と共にＮＡＴＯ旗が掲げられている

がっており、ミサイルが発射されれば、その情報や着弾予測地点が瞬時にモニターに映し出される。１人は司令官への確認なしに迎撃ミサイルを発射する権限がある。

米軍の仮想敵国は、国際原子力機関（ＩＡＥＡ）に核兵器開発疑惑が指摘されるイラン。その脅威から欧州を守ることを地上イージスの配備目的に据える。シュタイナー司令官は「ルーマニアと建設中のポーランドの2基で欧州全体を守る」と話した。

セキュリティーゲートがある建物の奥に立つ地上イージスのデッキハウス

欧州のＮＡＴＯ加盟国でみると、その面積は４７５万平方キロ。これに対し、日本政府は２基で37万８千平方キロの国土を守ると説明しており、防護面積は10倍以上の開きがある。バランス良く日本全土を守る上で秋田、山口両県への配備が最も効果的とするが、１基当たりの防護可能範囲は機密として明らかにされていない。

菅義偉官房長官は９月18日の記者会見で、集団的自衛権を行使できる新３要件に該当した場合、米領グアムに向けた北朝鮮の弾道ミサイルを迎撃することは可能との認識を示した。２基で守るのは日本だけではないということだろうか。

3 ルーマニア・デベセル基地③

ミサイルの誘爆も想定

（２０１８年９月28日付）

ルーマニア南部のデベセル基地にある米軍の地上配備型迎撃ミサイルシステム「イージス・アショア」（地上イージス）。その外周の砂利道を米軍の車で走りながら、広報担当者から施設について説明を受けた。

東西約１キロ、南北約３００メートルの地上イージス基地敷地の西端にレーダーなどを備えるデッキハウスがあり、中央から東側にミサイル発射装置３基が立つ。この無機質な箱の中に、迎撃ミサイルＳＭ３が８発ずつ計24発装填（そうてん）されている。

各発射装置は、それよりもはるかに高い何本もの柱で囲われていた。「それらは避雷針だ。万が一、ミサイルに雷が落ちたら大変なことになるからね」。誘爆を避けるための措置とのことだった。不測の事態に備え、基地内には消防車両も常時待機している。

　迎撃ミサイルには、大気圏外まで飛ぶのに必要な燃料が積まれている。避雷針の存在は、ミサイルが外的要因で大規模な爆発を招きかねない物体であることを感じさせた。

　発射装置そのものも、180メートルほどの間隔で分散配置されている。地上イージス基地のアクセル・シュタイナー司令官は「イージス艦のように密着させて配置することも可能だ。ただ、密着させた状態で一つでもミサイルが爆発すれば、残る全ても誘爆してしまう」と説明した。

　詳細な数字は明らかにしなかったが、この配置間隔は、米国の安全基準に基づいているという。そしてこの基準はミサイルの数、種類、防護壁の有無、地上型か地中埋め込み型か―などによって変わるそうだ。

　「ここでは敷地に厳しい制限がないから、このようなゆったりとした配置にしている。必要な保安距離は、対策を施すことで縮小することができる」とシュタイナー司令官。必ずしも地上イージスの配置の在り方が、ワンパターンに限らないことを示した。

　日本政府は、ルーマニアの例を基に、地上イージスには1平方キロ程度の平らな土地が必要と主張してきた。その基準を前提に、速やかに配備するため、日本海側の自衛隊施設から候補地を探った結果が秋田市の陸上自衛隊新屋演習場と山口県の陸自むつみ演習場という。防衛省は「他は条件を満たさなかった」としている。

　ルーマニアの地上イージスは、約9平方キロの広大なルーマニア陸軍基地の中にある。ルーマニア軍基地の〝テナント〟という位置付けである米軍基地はその内の約1・7平方キロで、さらにその中にある地上イージスのレー

基地内で待機する消防車

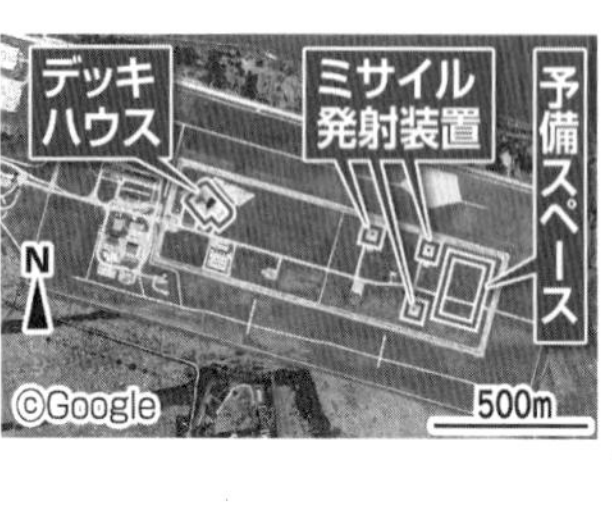

デッキハウスの脇で避雷針に囲まれて立つ迎撃ミサイル発射装置（左）

ダーやミサイル発射装置が置かれた中核エリアの面積は0・3平方キロ。0・3平方キロの中には、さらにミサイル発射装置2基を配備できる予備スペースも設けられている。

配備候補地を検討する上で、日本政府はなぜ1平方キロという面積要件を設定したのだろうか。誘爆の話を聞き、新屋の住宅密集地が配備に適しているのかと、改めて疑問に思った。

4 ルーマニア・デベセル基地④

ブースターの落下懸念

（2018年9月29日付）

ルーマニア南部の米軍デベセル基地の中は、弾道ミサイルの脅威を防ぐための迎撃ミサイルシステム「イージス・アショア」（地上イージス）が目の前にあるとは思えない、のんびりとした雰囲気だった。

レーダーのあるデッキハウス周辺は静かだ。一般道から遠く、街のけんそうも聞こえない。基地では時折、会議の合間に出歩く米兵のほか、屋外のあずまやの下で、基地で働くルーマニア人が談笑しているのを見かけたくらいだった。

「とても静かでしょう。訪れた人は大抵、それに驚く」と基地の米軍関係者は口をそろえた。

デッキハウスからわずか180メートルの位置に、隊舎など隊員生活のための建物がある。90部屋に176のベッド。居室のほかに、テレビゲームやインターネットができる娯楽室やジムもあった。

基地内では、米軍関係者約330人が働いている。現在、米兵は地上イージスに携わる44人と警備や基地運営を担う110人の計154人で、ほかは民間の技術者らいわゆる軍属の人々だ。このほか、米軍基地を取り囲むルーマニア軍基地では、警備などに従事する約400人が働いている。

日本政府は秋田、山口両県への国内配備で、運用と警備を合わせ1基地当たり200人程度の人員配置を想定しているとする。ルーマニアにおける人員は、それをはるかに上回る規模だ。

米兵はレーダーの至近で寝泊まりしながら、週末にはブルガリアなど近隣諸国への旅行を楽しんだり、約3万人が暮らす隣町のカラカルに出掛けたりしている。半年間の赴任期間を過ぎると、彼らは米国に戻り、新たに兵士が赴任する。

周辺は牧草地や農地、野原に囲まれ、牧歌的な雰囲気さえ漂うが、基地が周辺に与えるかもしれないリスクがあるのも事実だ。迎撃ミサイルを発射した際、地上に落下するブースター（推進部分）がそれだ。

隊舎には隊員がくつろげる娯楽室が用意されている

迎撃ミサイルの構造は3段階から成る。このうち1段目のブースターは途中で切り離され、地上に落下する。米軍はルーマニア政府に対し、基地周辺にブースターが落下する危険性を説明しているという。基地から約3キロの地点には、人口約3150人のデベセル村がある。

これに対し、日本政府は、1万3千人が暮らす住宅密集地に近接する秋田市の陸上自衛隊新屋演習場を配備候補地としており、落下した場合の影響は深刻だ。防衛省は「日本海に落下させる軌道を取るため、住宅地に落ちることはない」と説明している。

地上イージス基地のアクセル・シュタイナー司令官は「統計に基づく落下予測はあるが、100パーセント想定の範囲内に収まるとは言えない。最も確実な安全策は、基地の周りに住宅を造らないことだ」と話した。

隊員の居住空間である隊舎（左）は地上イージスのレーダーがあるデッキハウス（奥）から180メートルの位置にある

5　ルーマニア・デベセル村(上)
雇用とインフラに恩恵
（2018年9月30日付）

通り沿いに並ぶ多くの平屋家屋の庭で鶏が飼われ、馬がつながれている。その民家の脇を上半身裸の男性が自転車で走っていく。地面に座って談笑する主婦ら。はだしで遊ぶ小さな子ども。時折、荷物を載せた馬車がガタゴトと音を立てて通り過ぎる。

ルーマニア南部のデベセル村。迎撃ミサイルシステム「イージス・アショア」（地上イージス）が配備されているデベセル基地から西に約3キロのところに位置し、昔ながらの暮らしがうかがえる農村だ。

人口約3150人の村民の多くが、麦やトウモロコシなどを栽培する農家。9月は収穫期を迎え、日中は働き手が出払っていた。見掛けるのは、高齢者や子どもばかりだ。

道行く住民に声を掛けてインタビューを試みたが、断られることが多かった。元共産主義国家。1989年まで24年間続いたニコラエ・チャウシェスク独裁政権を経験した世代は、特に政治に絡む言動をメディアに取り上げられることを嫌うそうだ。

村内の小さな売店でコカ・コーラを買うと、女性店主のテュドル・ゲオルギツァさん（61）が取材に応じてくれた。自身は、地元への地上イージス配備を歓迎している。

「米軍が来たおかげで村の学校がきれいになったし、今後はガスが通ることも決まっている。村に基地関連の仕事も増えた」。近くで子どもを世話していた女性（33）も「インフラが整備されて本当にありがたい」と話し、米軍の駐留を喜んでいる。

デベセル基地はもともと半世紀以上前からルーマニア空軍基地として使われており、村民の多くが物品の納入や運送、工事など基地の仕事に携わってきた。

それが89年の東欧革命で共産主義政権が崩壊して以降、基地活動が低迷。仕事は失われ、若者の流出が相次いだ。ゲオルギツァさんの子2人も現在、イタリアや英国に出稼ぎに出ているという。

デベセル村内を走る馬車

職員16人の村役場を率いるイオン・アリマン村長は「村はかねてから、基地の再利用策を政府に求めてきた立場だ」と明かす。2011年、米軍の地上イージス配備先に決まったことが明らかになった時は、もろ手を挙げて喜んだという。

地上イージスの建設には延べ１万２千人が携わり、多くの雇用が生まれた。また、米軍は基地運営の安定化を図るため、周辺の道路や上下水道を整備。こうしたインフラ整備がそのまま、村民の暮らしを向上させる「恩恵」となった。

デベセル村内の一角にある食品や日用品を扱う売店

さらに、米軍は地元との良好な関係を構築すべく、ルーマニア政府を通じて村からインフラ整備の要望を聴取。寄せられた要望に基づき、米国の資金で学校や病院が整備され、今後は都市ガスが導入されることも決まった。

「発展途上のこの村には利点が多かった」と振り返るアリマン村長。一方で「先進国の日本とここは根本的に世界が違う。配備の是非は同列に論じることはできない」とも語った。

6 ルーマニア・デベセル村㊦
リスクの検証置き去り
（２０１８年10月１日付）

米軍の地上配備型迎撃ミサイルシステム「イージス・アショア」（地上イージス）があるルーマニア南部のデベセル村では、道路や水道といったインフラ整備の恩恵から配備を歓迎している村民が多い。彼らは、地上イージスのレーダーが発する電波の影響や、敵の標的になり得るリスクをどのように捉えているのだろうか。

村中心部の道端でグループで談笑していた女性（81）に尋ねてみると「だから何なのよ。戦争になればどっちみち死ぬんだから」と笑われた。別の女性（33）も「米軍が来てインフラが整った。今のところ怖いことなんてない」と話した。

地域貢献により住民との良好な関係を築くのは、米国にとって軍基地運営の基本だ。その狙いは、ルーマニアでは功を奏しているように見受けられる。

配備に伴うリスクについて米軍デベセル基地のカルロス・ワシントン司令官は「軍地が標的になるのは当然」としつつ「軍人の立場からすれば、街を狙っての攻撃はあり得ない。標的になるのは、あくまでイージスシステムだろう」と強調する。

村の東外れにも足を運んでみた。道路の舗装が所々で途切れ、雑草が長く伸びている。地上イージスが見える場所に住む男性（42）が、自宅裏の井戸でバケツに水をくんでいた。

「水道はこの家まで通らなかった」と残念そうに話す。欧州への地上イージス配備に懸念を示すロシアを念頭に「もし戦争になれば、この村はきっと攻撃される。あんな施設を造れば、プーチン大統領が黙っていない」と語り、地平線に見える灰色の防衛施設に目をやった。

井戸で水をくむ男性。水道は自宅まで通らなかった＝デベセル村

経済的利点から、地上イージスを歓迎する立場のイオン・アリマン村長も「攻撃される可能性はあるだろう。配備に伴う当然のリスクだ」と認めていた。

ただ、村内でこうした意見はまれで、村を離れればリスクに対する関心は一層低くなる。村から北へ7キロ、人口約3万5千人のカラカル市は最寄りの商業地。商店店員のユリアナ・シェルバさん（33）は「何の心配もない」と話したほか、声を掛けた市民の多くは「よく分からない」と口にした。

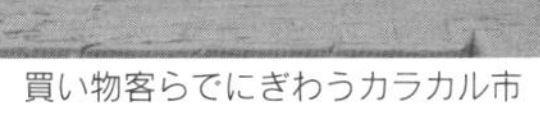

買い物客らでにぎわうカラカル市

後日、デベセル村のあるオルト県の中心地スラティナに、地元紙「ガゼタ・オルテュルイ」のオーナー兼編集長パウル・ドブレス

クさん（67）を訪ねてみた。

ドブレスクさんは、国内世論について「周辺に影響を与えるリスクを多くの国民が理解していない」と指摘。米国との良好な関係を望む主要メディアが批判的に報じないため、経済的利点や生活環境の向上ばかり注目され、配備に伴うリスクの検証が置き去りにされているという。

自身は村の発展を踏まえ配備歓迎の立場ながら、紙面では警鐘を鳴らす。住宅地に近接する秋田市の陸上自衛隊新屋演習場周辺の航空写真を見せると、目を丸くして驚いた。「こんなに近いのか。ルーマニアだったら、国民が反乱を起こしているだろう」

7 ルーマニア・インタビュー

電波健康被害、報告なし

——地上イージス　シュタイナー司令官

（2018年10月2日付）

世界で唯一、地上配備型迎撃ミサイルシステム「イージス・アショア」（地上イージス）が実戦配備されているルーマニア・デベセル基地内にある米軍基地。先月中旬、現地を訪れた際、地上イージスのアクセル・シュタイナー司令官と同基地のカルロス・ワシントン司令官がそれぞれインタビューに応じた。

◇

—地上イージス基地の概要を教えてほしい。

（シュタイナー司令官）「イージス艦の上部に当たるデッキハウスに、レーダーや指令システムがある。デッキハウスの外にはミサイル発射装置が3基あり、24発装填（そうてん）されている。発射装置は密着させることも可能だが、万が一の誘爆を防ぐため間隔を空けて配置している。基地内には電源プラントもあり、外部からの供給が断たれても基地内で発電できる」

—イージス艦ではなく、陸上で弾道ミサイル防衛の任務を行う理由は。

「イージスシステム自体は潜水艦にも対応できる能力を有しているため、イージス艦は多様な使い方が可能だ。陸上で弾道ミサイル防衛ができるようになれば、イージス艦を他の任務に従事させることができるようになる」

—レーダーが発する電波の健康被害はないか。

アクセル・シュタイナー司令官

「着任して3カ月になるが、そのような報告は届いていない。電波に関しては、ルーマニア政府との協議に基づき、周囲の安全に配慮して運用している。ただ、必要に応じ、迎撃ミサイルを発射する際は強い電波を出すことになる」

―ルーマニアとポーランドの地上イージス2基の防護範囲は。

「オバマ前大統領が策定した計画は、2基を北大西洋条約機構（NATO）に提供するというものだった。この2基で欧州全体を守る。今後、3基目を欧州に配備する予定はない。

米軍基地　ワシントン司令官
100カ所以上検討し配備

―基地がテロなどによる攻撃の標的になる危険性はあるか。

（ワシントン司令官）「軍地である以上、標的になり得るのは当然だ。ここが特別なわけではない。この米軍基地では100人前後が警備に当たっている。定期的に訓練し、施設防護の態勢を整えている」

―緊急時には周辺住民を守る任務も含まれるのか。

カルロス・ワシントン司令官

「私たちの責任が及ぶのは米軍基地内に関してだ。ここはルーマニア軍基地の中の基地。外の役目はルーマニア軍だ。ただ、政府に求められれば何らかの協力をすることもあるだろう」

―秋田県の配備候補地である陸上自衛隊新屋演習場は住宅地や学校に近く、住民が不安を抱いている。

「それは日本の自衛隊と地元行政が考えるべきことだが、大問題だとは思わない。横須賀のように、米軍では基地内に学校があるのは普通のこと。基地が近いことがなぜ不安なのか、逆に疑問だ。新屋演習場はすぐ近くにゴルフ場があって、つらやましい。秋田に赴任したいくらいだ」

―レーダーの影響など、近いほどリスクが高くなるのではないか。

「レーダーは必ず上を向く。周辺に影響を及ぼす確率は極めて低い。米国はルーマニア国内の100カ所以上を検討し、この場所を選んだ。日本も同じように、さまざまなリスクを計算した上で最適地を選んでいるはずだと思う」

8 ポーランド・スウプスク㊤

建築制限、企業誘致に影
（2018年10月3日付）

アーチの意匠を凝らしたゴシック様式の行政庁舎。

石畳の通りには、店先にテーブルを並べたカフェやレストランがある。華やかで優雅な欧州の風情に、道端で少年が独奏するバイオリンの音色が彩りを添えていた。

ポーランド北部の主要都市グダニスクから西へ100キロのところにあるスウプスク市は、人口約8万9千人の街だ。産業は食品や自動車部品の製造業などが主で、昔ながらの農村のたたずまいを残していたルーマニア南部のデベセル村とは随分と異なる雰囲気だ。

地上配備型迎撃ミサイルシステム「イージス・アショア」（地上イージス）が実戦配備されているルーマニアから、目下配備が進められているポーランドへ足を運んだ。配備地は、スウプスク市中心部から東に4キロ離れたところにある元空軍基地のレジコボ基地。2年後の完成を目指している。

地上イージス配備地

レジコボ基地
グダニスク
ポーランド
ワルシャワ
ルーマニア
ブカレスト
デベセル基地
N

地元行政は今、この弾道ミサイル防衛施設の建設を巡り、大きな経済的問題に直面していた。

「本市にとって配備はいい話とは言えない」。スウプスク市のマレック・ビエルナツキ副市長は取材にこう語った。地上イージス配備に伴い、周辺に建物の建築制限がかけられ、企業活動に影を落としているというのだ。

地元行政によると、制限は2015年にポーランド、米国両政府が交わした契約に基づく。レーダーの位置から半径4キロ圏内は容積6千立方メートルを超す建物が建てられなくなった。制限を超えて建設する場合は、政府への申請が必要。審査期間は最長120日に及ぶ。

高さ制限も半径35キロ圏内に設定された。レーダーから5キロの地点で146メートル、10キロで277メートルなどと定められている。こうした制限はルーマニアのデベセル基地周辺にも適用されているが、デベセル村は人口の少ない農村地帯であるため、大きく

ゴシック様式のスウプスク市庁舎

問題視はされていない。

だが、スウプスクではそうはいかないようだ。これまでに建築制限や申請の煩雑さを理由に、企業の工場進出計画などが複数頓挫したという。

市などは、地上イージスに搭載されるレーダーの耐用年数を基に、25年程度の間に想定される経済損失を民間シンクタンクに依頼して試算。それによると、16年から42年までの損失は税収減などで約８００億円に上る。

基地は、市周辺の小規模な41の村を束ねる行政体グミナ・スウプスクの管内にある。基地の南東約２キロ先には、この行政体が整備した工業団地がある。

行政体の長であるバーバラ・ディキエル氏は「制限のために、企業誘致の話がなくなったケースもあった。頑張って整備した団地なのに、基地が邪魔になり、経済発展の妨げになっている」とため息をついた。

建物に制限が必要な理由について米軍やポーランド政府は、地元行政に対し「性能を最大限発揮するため」とし、詳細な説明はしていないという。ビエルナツキ副市長は「経済的な影響を及ぼさない場所に地上イージスは配備されるべきだった」と話した。

9 ポーランド・スウプスク㊦

経済損失の穴埋め困難

（2018年10月4日付）

地上配備型迎撃ミサイルシステム「イージス・アショア」（地上イージス）の配備に伴って求められる建築制限は、配備地に近いポーランド北部スウプスク全体での民間投資を鈍らせた。25年程度の間に地域が被る経済損失の試算は、約８００億円に上る。

近郊のポーランド軍レジコボ基地に米軍の地上イージス配備が決まったことが明らかになったのは5年ほど前。地元行政への事前説明はなく、政府と米国の決定に従うし

かなかったという。

建築制限が明らかになったのも配備決定後だった。スウプスク市のマレック・ビエルナツキ副市長は「政府の地上イージス受け入れ決定が早過ぎた。どんな影響があるのか、よく調査をしないで進めてしまった」と拙速さを批判する。

市などが損失の試算を民間シンクタンクに依頼したのは、それに見合う見返りを政府に要求するためだった。要求内容の柱は、北部を横断し、ドイツ国境に至る国道6号の高規格化。その内容を政府も承諾して地上イージスの建設工事は進められた。


ホテルや飲食店が立ち並ぶスウプスク市中心部

ポーランドでの取材行程で国道6号を通っていた。国内最大の港湾都市グダニスクからスウプスクまで2時間かけて車で移動した。

路面は凸凹が抑えられ、タイヤとの摩擦で生じるロードノイズも穏やかだったが、片側1車線が長く続いた。流れが悪くなると、前の車両を次々と追い越して先を急ぐ車が後を絶たなかった。

片側2車線化して最高速度も上がればグダニスクとの移動時間は短縮される。工業団地を整え、企業誘致に力を注ぐスウプスクにとって、主要都市とのアクセスの良さは企業に進出を促す材料になる。

スウプスク市の地図を指しながら経済損失について説明するビエルナツキ副市長

だが、市政は政権与党に批判的なスタンスをとっていることもあり、道路は今も着工に至っていない。ビエルナツキ副市長によると、大規模な雇用が見込まれる米国企業の誘致話が進んでいたが、アクセス向上の見通しが立たず破談になったという。

スウプスク周辺の行政体グミナ・スウプスクの長であるバーバラ・ディキエル氏は「条件が整わなければ、進出を検討する企業は別の工業団地を選んでしまう」と嘆いた。

一方、日本国内の配備候補地とされる秋田市では、配備に伴ってどのような経済的影響があるのか議論は深まっていない。

経済的損失が出た場合の対応について防衛省は、県からの質問に対する回答文書で「（200人程度の）部隊を配置した場合、隊員や家族の生活に関するさまざまな消費活動が生じる」とむしろ利点を強調。住民説明会では「地域経済にも配慮する形を考えたい」と述べるにとどめている。

配備が予定される地元行政にはどのような姿勢が求められるのか。ビエルナツキ副市長は「配備した場合の損失をまずは明らかにすべきだ。そして配備を受け入れるなら、その損失に対しどのような補償をいつまでに実施するのか、政府に確約させなければならない」と指摘した。

10 ポーランド・レジコボ基地

計画長期化、薄れる関心

（2018年10月5日付）

ポーランド北部のスウプスク市中心部から東へ4キロの郊外。幹線道路から小路に入ると、有刺鉄線が上部に張り巡らされた緑色の門が見えてくる。地上配備型迎撃ミサイルシステム「イージス・アショア」（地上イージス）の建設が進む元ポーランド空軍基地のレジコボ基地だ。

門の奥には土が積まれ、その近くに工事車両が見える。ガタガタガタと重機の音が響き、ヘルメットをかぶった作業員が出入りしている。小銃を抱えるポーランド兵が、何度もこちらに視線を向けた。

米軍が運用する地上イージス基地の完成は2020年と見込まれ、建設工事は今が真っ盛り。外側から工事の進捗（しんちょく）状況をうかがい知ることはできないが、地元紙「グオス・ジェンニック・ポモジャ」の編集幹部によると、レーダーや司令システムなどが入るデッキハウスの外部構造はおおむね出来上がっているという。

門の写真を撮影していると、基地外周の遊歩道から男子小学生2人が歩いてきて、門の前で立ち話を始めた。その後も、子どものグループや親子連れが通り過ぎていった。基地の目の前が、通学路や散歩道になっている。

基地と幹線道路の間の敷地東側には小中学校があり、校庭で多くの児童が遊んでいる。西側には4、5階建ての集合住宅が10棟ほど立つ団地もある。秋田市の陸上自衛隊新屋演習場周辺ほどの住宅密集地ではないが、基地は生活圏に極めて近い。

配備に対する懸念はないのだろうか。団地に住む子連れの30代女性は「レーダーが発する電波の健康影響が怖い。できれば配備しないでほしい」と語った。だが、他の主婦らは「ゲートの奥のことは関係ない」「政府が私たちの意見を聞かずに決めたこと。基地内のことは知らない」と言葉少なだった。

ポーランドのレジコボ基地内に建設されている地上イージス（地元紙グオス・ジェンニック・ポモジャ提供、2018年8月31日撮影）

米軍によるポーランドでのミサイル防衛計画の始まりは、ブッシュ政権時代の2007年にさかのぼる。当初はチェコにレーダー、ポーランドに迎撃ミサイルを分散配備する構想だったが、09年にオバマ政権に代わると、地上イージスをポーランドとルーマニアに配備する計画に変わった。

有刺鉄線が張られた基地の前を通る子どもたち

最初の計画発表から10年余り。「長期化で関心が薄れてきている」と指摘するのは、スウプスク市の市民団体代表アレクサンダー・ヤツェックさん(54)。現地で連絡先を耳にして取材依頼の電話を入れると、30分ほどで待ち合わせ場所のカフェに来てくれた。

団体は、レーダーによる健康影響や経済的損失などへの懸念から配備に反対し、基地前などでデモを行っている。「政府がプロパガンダ（政治的宣伝）に熱心で、メディアも批判的視点では伝えない。どんな装備が配備されるか大半の国民が関心を持っておらず、反対派の私たちは白い目で見られる」と話した。

反対運動は広がりをみせているわけではないが、懸念が払拭（ふっしょく）されない限り、活動を続ける方針という。当面の目標はレーダーの安全性の検証。近く性能に関する情報開示を政府に求める裁判を起こす考えを口にした。

11 ルーマニア・インタビュー

―グミナ・スウプスク長　ディキエル氏

詳細情報得られぬまま

（2018年10月6日付）

地上配備型迎撃ミサイルシステム「イージス・アショア」（地上イージス）の建設がポーランド北部のレジコボ基地で進められている。2年後の完成を控え、地元は配備にどんな思いを抱いているのだろうか。先月中旬に同国を訪れた際、基地近くの行政体グミナ・スウプスクの長バーバラ・ディキエル氏と、配備に反対する市民団体の代表アレクサンダー・ヤツェック氏にインタビューした。

◇

―地上イージスの配備について住民はどう受け止めているか。

（ディキエル氏）「市中心部まで4キロと近過ぎる。攻撃対象となる恐れやレーダーが発する電波の健康影響が懸念され、当初は反対のデモが盛んだった。配備に関する情報は政府が受け入れを決めてから通達が届いた。政府による詳細な説明はなかった」

―現在のデモの状況は。

「当初のミサイル防衛構想発表から10年以上がたち、多くの市民が『仕方ない』と諦める雰囲気になった。デモはあまりみられなくなった」

―配備に伴う建築制限の影響はあるか。

バーバラ・ディキエル氏

「容積や高さで一定基準を超える建物は政府への申請が必要になり、基地に近い工業団地で自由に建物が建てられなくなった。進出を検討する企業は別の団地を選んでしまう。制限が必要な理由については、機密情報ということで得られていない」

―安全保障上の必要性は納得しているのか。

「地上イージスは、欧州全体の安全性を高める装備だと理解している。また、この先、ポーランドの安全保障環境が悪化した場合も、米軍が駐留することは地域にとって安心できる材料だ」

―（陸上自衛隊新屋演習場周辺の航空写真を見せ）秋田市の配備候補地は住宅地に近接している。

「街の中で驚いた。ルーマニアの配備地のように、人里離れた場所が本来望ましい」

――市民団体代表　ヤツェック氏

安全性、むしろそがれる

アレクサンダー・ヤツェック氏

―配備に反対する理由は。

（ヤツェック氏）「レーダーが発する電波の健康影響が懸念されるからだ。レーダーの性能は明らかにされておらず、『安全だ』という説明だけでは信用できない。建築制限により、地域は経済的損失も被っている」

―必要性についてどう考える。

「配備に伴って地域にはスパイが入り込むだろうし、戦争になればここは壊滅させられる。今、ポーランドに他国から弾道ミサイルを撃ち込まれる理由はない。むしろ配備によって狙われる危険性は高まる。どうしてもと言うなら、イージス艦で対応すればいい。わざわざ地上配備にする必要はない」

―なぜ米国は配備を進め、ポーランド政府はそれを受け入れたと考えるか。

「米国はロシアへの圧力を高めたいのだろう。わが国の政府の外交姿勢も米国の操り人形のようになっている。米国はわが国での支配力を強め、今後は防衛のためだとして武器を売り付ける考えではないか」

―今後の活動の見通しは。

「昨年も一昨年も配備反対のデモを実施し、100～150人ほど集まったが、効果はゼロに等しい。メディアにもほとんど取り上げられなかった。今後は安全性の検証に力を入れていく。まずはレーダーが発する電波が国内基準を満たすのかどうか確認するため、詳細な性能の情報公開を求める裁判を起こすつもりだ」

12 周辺国への影響

避けられぬ脅威の応酬

（２０１８年10月7日付）

「1年ほど前のことなんだが…」。迎撃ミサイルシステム「イージス・アショア」（地上イージス）が配備されているルーマニアのデベセル村で、イオン・アリマン村長がこう切り出した。

ある週末、アリマン村長は村外へ出ていた。その日、村長の不在や役場の休みを狙ったようなタイミングで、ロシア大使館員が村を訪れていたことが後になって分かった。

大使館員は貧しい村民たちに声を掛け、お金を渡し、地上イージスに批判的なコメントを集めていったという。「自国向けのプロパガンダ（政治宣伝）映像作りの材料に使われたようだ。基地がある以上、こうしたことは今後も起こるだろう」とアリマン村長は話す。

カリーニングラード
リトアニア
ロシア
スウプスク
ポーランド
ルーマニア
デベセル
N

米軍による欧州での地上イージス配備は、イランの脅威への対応が目的とされる。しかし、ロシアは自国のミサイル攻撃能力の無力化につながるとして、これに批判的な立場だ。日本での配備にも懸念を示している。

ロシアはポーランドにも目を光らせる。国境を接する西端の飛び地カリーニングラード州で近年、軍事力の増強を進めている。

２０１６年、プーチン大統領は米国が主導する欧州での地上イージス配備に「対抗措置を講じざるを得ない」と発言。その後、ロシアは同州で大規模軍事演習を実施し、今年に入りポーランドを射程に収める戦術ミサイル「イスカンデル」を同州に持ち込んだと表明した。地上イージス配備地のスウプスクとは約２００キロの

ルーマニア南部のデベセル基地に配備されている地上イージス

距離だ。

スウプスクの地元紙「グオス・ジェンニック・ポモジャ」のクシシェトフ・ナウエンチ編集長は「ロシアの将軍は『スウプスクを狙う』と発言し、市民を不安に陥れた」と明かす。ロシアだけでなく、日本への地上イージス配備を懸念する中国のメディアも取材に訪れているという。

重要防衛施設の配備地になれば必然的に他国の警戒対象になる――。そうした現実が浮かび上がってくる。

日本政府は、秋田市の陸上自衛隊新屋演習場と山口県萩市、阿武町の陸自むつみ演習場への配備を計画する地上イージスについて「純粋に防御的なシステムであり、周辺諸国に脅威を与えない」「（配備により）攻撃される可能性が高くなるとは思わない」とリスクを否定している。

だが、地上イージスに関し米国がどれだけ中東への対応と強調しても、ロシアは脅威と受け止めて対抗措置に踏み切った。これに対し、北大西洋条約機構（NATO）はポーランドとバルト3国に新部隊を配備。今後は大規模軍事演習をバルト海などで行う予定で、軍備増強がさらなる増強を互いに招いている。

日本にとって地上イージスは、弾道ミサイルの脅威から国民と国土を守る最善策なのか。配備に伴うリスクを踏まえた議論はまだ、深まっていない。

〈終わり〉

他国の警戒の目が向くルーマニアのデベセル村。日本の弾道ミサイル防衛はどんな道筋をたどるのか

盾は何を守るのか

イージス・アショアを問う

（2019年1月8日付から掲載）

日本で初めてとなる陸上据え置き型の迎撃ミサイル発射施設、イージス・アショアを秋田市に配備する計画が浮上して、1年が過ぎた。ギリシャ神話に登場する万能の防具「イージス」になぞらえた現代の盾は、何を守る存在なのか。計画の背景を探っていく。

第1部 太平洋の盾

「あれ、アメリカです」日本が「巨大イージス艦」に

（2019年1月8日付）

「あれ、全部、アメリカです」

昨年9月19日の県議会本会議。一般質問の答弁に立った佐竹敬久知事は、県議らを見渡して言った。

政府が秋田市と山口県北部への配備を目指す迎撃ミサイルシステム「イージス・アショア」（地上イージス）について、配備の目的を巡る議員とのやりとりだった。

知事は続けた。「まあ、両用。というのは常識と捉えてます」

地上イージスは、日本だけでなく米国の国防にも寄与する――。防衛省からは一度たりとも示されたことのない「両用」という見解。議員の間には困惑が広がった。

しかし、当の米国に目を向ければ、この見方は決して非常識なものではない。

ワシントンに本部を置く民間のシンクタンク「戦略国際問題研究所」（CSIS）は昨年5月、日本の地上イージス導入に関するリポートを発表した。

陸上自衛隊新屋演習場（奥）に隣接して広がる、秋田市の住宅街。国道7号を挟んですぐのところに秋田商業高校、演習場から600メートル以内に勝平小学校と勝平中学校がある（グーグルアースより）

「米国本土を脅かすミサイルに対し、前方に配備されたレーダーの役割を果たしうる」。日本による地上イージス導入を、リポートは米国の安全保障上の利益と読み解く。

表題は「太平洋の盾―巨大なイージス艦としての日

本」。太平洋の西端にある日本に地上イージスが配備されれば、米国主導の安全保障体制にとっての「盾」になるという意味合いだ。

アジア太平洋地域の国際問題を専門とする米国のオンライン雑誌「ディプロマット」は7月、地上イージス配備に対する中国の反応をテーマに、記事を掲載した。

記事は、配備に伴う高性能レーダーの設置で「中国と日本の間に新たなトゲが生じる可能性がある」と指摘。北東アジアへの最新レーダーの配備は自国の不利を招くと中国が懸念しているとして、「米国のミサイル防衛網とは無関係だと日本が説明しても、中国がそれを信じるとは考えにくい」と述べる。

一方、日本政府。

配備の必要性を説く際の説明はシンプルだ。

「北朝鮮は我が国を射程に収める弾道ミサイルを数百発保有」「国民の生命・財産を守る、純粋に防御的なシステム」（防衛省資料）

そこに提示されるのは、日本海を挟んで日本と北朝鮮が向き合うだけの構図。列島の背後に広がる太平洋、そしてその向こうに控える米国は、存在しない。

地上イージスは北朝鮮のみを対象とした純然たる国防施設なのか、それとも、米国を中心とした安全保障環境の一翼を担い、不安定な多国間関係の最前線にさらされる軍事施設なのか。その違いは、将来にわたって地元が負わされるリスクに直結する本質的な問題だ。

年の暮れも押し詰まった12月25日、年内最後の記者会見で佐竹知事は、自身も米国内の情報に目配りしていることをにじませて言った。

「アメリカでは出ている話を無視するというのはおかしい。だからストンと落ちない」

「日米協力、より強固に」

「戦略国際問題研究所」（ＣＳＩＳ）は、米国を代表するシンクタンクだ。

米ペンシルベニア大が毎年発表する世界の有力シンクタンクの格付けリポートでは、最新の２０１７年版で世界総合5位、国防・安全保障分野では世界１位にランクされている。

昨年5月に発表したリポート「太平洋の盾」は徹頭徹尾、日本によるイージス・アショア（地上イージス）配備の意味合いを日米同盟の文脈に位置付けた。

リポートは、かつて１９８０年代に中曽根康弘元首相が、日本列島を旧ソ連に対する日米同盟にとっての「不沈空母」と表現したのを引き合いに、「この比喩は日本の地理的、戦略的な位置付けの重要性を言い当てていた」と指摘する。

「日本が地上イージスを配備する潜在的な意義は、まだ広く理解されてはいない」。そう説いた上で、配備の意義について「北朝鮮に対する強固なミサイル防衛の基礎となるだけでなく、中国を含む将来の脅威に適応する基礎を築く」「この開発は米国と同盟国のための広い意味合いを持つ」とした。

現在、米軍は地上イージスをルーマニアに配備し、ポーランドでも配備へ向けた準備を進めている。リポートは、日本の地上イージスは「それらの単なるコピーにはならないだろう」とした。

日本の地上イージス導入について、米シンクタンク「戦略国際問題研究所」（ＣＳＩＳ）が昨年発表したリポート「太平洋の盾－巨大なイージス艦としての日本」

「米国が米本土を防衛するためにコストが高いレーダーを太平洋に展開する必要性を減じる」

「日米同盟をより強固にするだけでなく、レーダーを共有することで（米国が）10億ドル規模の大幅な節約を実現するだろう」

「対艦ミサイルや長距離巡航ミサイルなどの反撃手段も使用可能で、それらは北朝鮮の地上ミサイルを発射前に破壊することもできる」

「単なるコピー」を超えうる理由として、リポートはこうした点を挙げる。そして続けた。

「日本が長距離反撃力を有することは、日米同盟の防衛体制にとって重要な強化を意味する」

「（地上イージスの配備は）日米の協力関係をより強固なものにするだろう」

弾道ミサイル防衛
米国主導、日本は追随

米国は冷戦期の１９５０年代後半から、弾道ミサイルによる攻撃を迎撃ミサイルなどで防ぐ「弾道ミサイル防衛」（ＢＭＤ）の研究　開発に取り組み、日本はその流れに追随してきた。

弾道ミサイルは、ロケットエンジンで上空に発射された後、山なりの弾道で飛ぶミサイルをいう。

日本がＢＭＤの流れに加わったのは80年代後半。83年に米国が戦略防衛構想（ＳＤＩ）への参加を同盟各国に呼び掛けたのがきっかけだった。

90年代に入ると、北朝鮮が弾道ミサイル開発を本格化。93年に日本海にミサイルを落下させる発射実験を行い、98年には日本上空を飛び越える発射実験を実施した。日本国内でも弾道ミサイルの脅威に対する関心が高まり、翌99年から、米国と日本の間で共同技術研究が始まった。

米国内でのBMD構想は形を変えながら続き、2002年に具体的な配備計画を初めて発表し、新たな段階に踏み出した。日本政府は翌03年、米国が開発した防衛装備を取り入れたBMDシステムの整備を閣議決定し、米国の動きに追随した。

現在、日本のBMDは、大気圏外での破壊を試みるイージス艦搭載の迎撃ミサイル（SM3）と、落下段階での迎撃を狙う地対空誘導弾パトリオット（PAC3）の二段構え。政府は、地上イージスの配備によって、より重層的な迎撃体制を構築できるとしている。

◆米国と日本の弾道ミサイル防衛（BMD）を巡る流れ

1950年代後半	米国がBMDの研究・開発に乗り出す
1983年	レーガン米政権が戦略防衛構想（SDI）を提唱。日本政府は87年に研究参加を決定
1993年	北朝鮮が弾道ミサイル発射実験。日本海に落下
1998年	北朝鮮が日本上空を飛び越える発射実験
1999年	日米の共同技術研究開始
2002年	米国がBMDの具体的な配備計画を発表
2003年	日本政府、BMDシステムの整備を閣議決定
2005年	自衛隊法改正。弾道ミサイルに対する破壊措置を追加
2009年	北朝鮮のミサイル発射で陸自新屋演習場に地対空誘導弾パトリオット（PAC3）配備
2017年	11月、地上イージスを秋田と山口に配備する政府構想が報じられ、12月に政府が2基導入を閣議決定
2018年	5月、政府が秋田、山口両県を地上イージスの配備候補地と初めて明言

秋田の延長上にハワイ

（2019年1月9日付）

「イージス配備の真の狙いは？」

男鹿市に住む元秋田大准教授の福留高明さん（71）は昨年8月、自身のフェイスブック（FB）にそう投稿した。米国の民間のシンクタンク「戦略国際問題研究所」（CSIS）のリポート「太平洋の盾」を和訳し、要点を紹介する内容だった。

福留さんは昨年、イージス・アショア（地上イージス）の配備計画について、FBに何度か投稿した。

大学院で地球科学を学び、専門は地震や活断層の研究。安全保障の分野には関心を持ったこともなかった。

地上イージスに興味を抱くようになったきっかけは、一昨年3月に地元であった「ミサイル避難訓練」だ。

福留高明さん

北朝鮮の弾道ミサイル落下を想定して政府が全国で初めて行う訓練。その場所

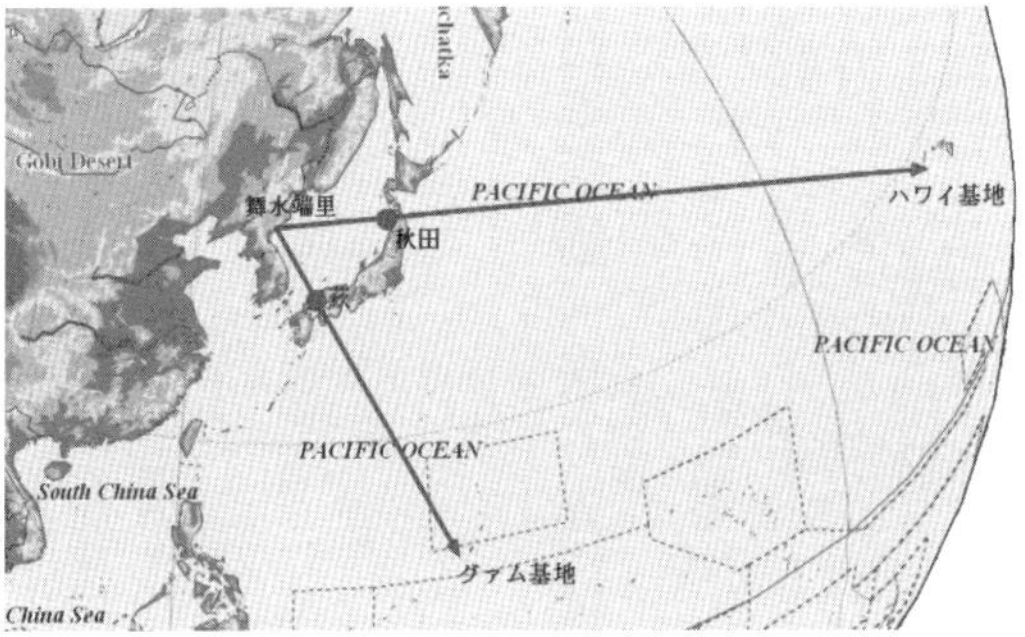

福留さんが作成し、フェイスブックに投稿した地図。北朝鮮からハワイ、グアムへの最短経路が直線で描かれる図法を用いた。地上イージスの配備候補地とされる秋田市と山口県北部が直線とほぼ重なっていることが分かる

に選ばれたのが、自分が暮らす男鹿だった。興味を覚えて見学に足を運んだ福留さんは「まるで茶番だった」と振り返る。

「予行演習を実施いたします」。辺りにアナウンスが響くと、動員されたお年寄りたちは、あらかじめ指示された通りに神社の境内や道端で落ち葉拾いを始め、「ミサイル落下」の合図で粛々と公民館に入った。30分後に同じ内容をなぞる本番が行われ、その様子をCNNやアルジャジーラなど海外メディアを含む国内外の約20社が報じた。

参加者からは「実際にミサイルが飛んできたらこんなふうに避難なんてできるわけがない」という声が漏れた。

それから半年余りして地上イージスの配備計画が浮上。政府が候補地の一つに挙げたのは、秋田市の陸上自衛隊・新屋演習場だった。「あんな訓練をなぜ秋田でやり、イージスの候補地もなぜ秋田が選ばれたのか。ふに落ちないことが続いた」。インターネット上に散らばる海外の情報を検索し、読み込むようになった。

福留さんは１９９０年代、県政を揺さぶった問題に研究者として関わった経験がある。

秋田市の臨海部に製紙業界大手・大王製紙（東京）を誘致しようとした県の計画に対し、建設予定地の地下構造が巨大製紙工場を建設するには不向きであることを独自に分析し、県に指摘した。さらに、住民団体が誘致差し止めを求める訴訟を起こすと、原告側証人として法廷に立った。

「県のデータには疑問な点が多かった。行政のでたらめさがどんどん出てきた」

地上イージスについて調べる中で福留さんは、米軍のインド太平洋軍司令部があるハワイ、アンダーセン空軍基地があるグアムと北朝鮮の位置関係に着目。北朝鮮とハワイ、グアムをそれぞれ最短経路で結ぶ線をパソコンの画面上で引いてみた。そうして結んだ線の近くに、秋田市と山口県北部が位置することに気付いた。

「イージスは米国を守ることを目的とした配備なの

ではないか」。昨年8月のFBへの投稿で、独自に作った地図を添え、そうした見方を示した。

投稿を読んだ人が他の人に紹介する「シェア」は千件を超えた。普段の100倍前後に及ぶ大きな反応の理由について、福留さんは「なぜ秋田と山口なのかという疑問を多くの人が抱き、それに対して納得のいく説明がされていないからではないか」と感じている。

日本配備、米で先行議論（2019年1月10日付）

「アジア太平洋に展開している（米軍の）イージス艦の任務を軽減するのでは？」

「それは確かだろう」

2016年2月24日、米連邦議会・下院軍事委員会の公聴会。ハリー・ハリス米太平洋軍司令官（当時）は、イージス・アショア（地上イージス）を日本が導入すれば米国にとってどんな利益が生じるのかを問われ、このように述べた。

われわれ県民の前に地上イージスの配備問題が浮上したのは、17年11月。「陸上型イージス、秋田・山口に配備で政府調整」という全国紙の報道がきっかけだった。

日本国内では前年秋ごろから、弾道ミサイル防衛のために、防衛省が導入を検討する新たな装備品の中に、地上イージスが含まれることが時折報じられた。ただ、一般の認知度は低かった。突如浮上した配備案は、県民にはまさに青天のへきれきだった。

一方、地上イージスを開発した米国。秋田への配備案が表面化する2年以上前から、日本による導入を見据えた議論が連邦議会で行われていた。

15年11月に成立した2016会計年度の国防権限法。地上イージスの性能や技術を日本に開示することについて、次のような議会声明が盛り込まれた。

「日本政府が地上イージスを購入する決定は、防空・ミサイル防衛能力の相互運用性と統合を促進する重要な機会となる」

だが、同じ時期、日本の国会では地上イージスに関する議論は皆無だった。

国会の会議録に、15年以前に地上イージスが取り上げられた記録は見当たらない。初めての言及は16年9月14日の参院外交防衛委員会。元自衛官の自民党議員が「イージス・アショアと言われるようなものも検討すべきじゃないかと調査が始まっているやに聞いているが」とただした。これに対し、稲田朋美防衛相（当時）が「導入する具体的な計画としてはない」と答えただけのやりとりだ。

かたや、米国―。

昨年2月14日の下院軍事委員会公聴会でも、こんな議論があった。

議員「日本が地上イージスを配備すれば、米軍にどのような影響があるのか」

太平洋軍ハリス司令官「われわれが直面している負担の一部を軽減することになるだろう」

司令官はさらに、「現在、われわれは日本の自国防衛を助ける義務がある」「（日本が地上イージスを配備すれば）南シナ海やインド洋、フィリピン海、私が必要とするどこにでもわれわれのイージス艦を展開できるようになる」とも言及。日本の導入に強い期待感をにじませた。

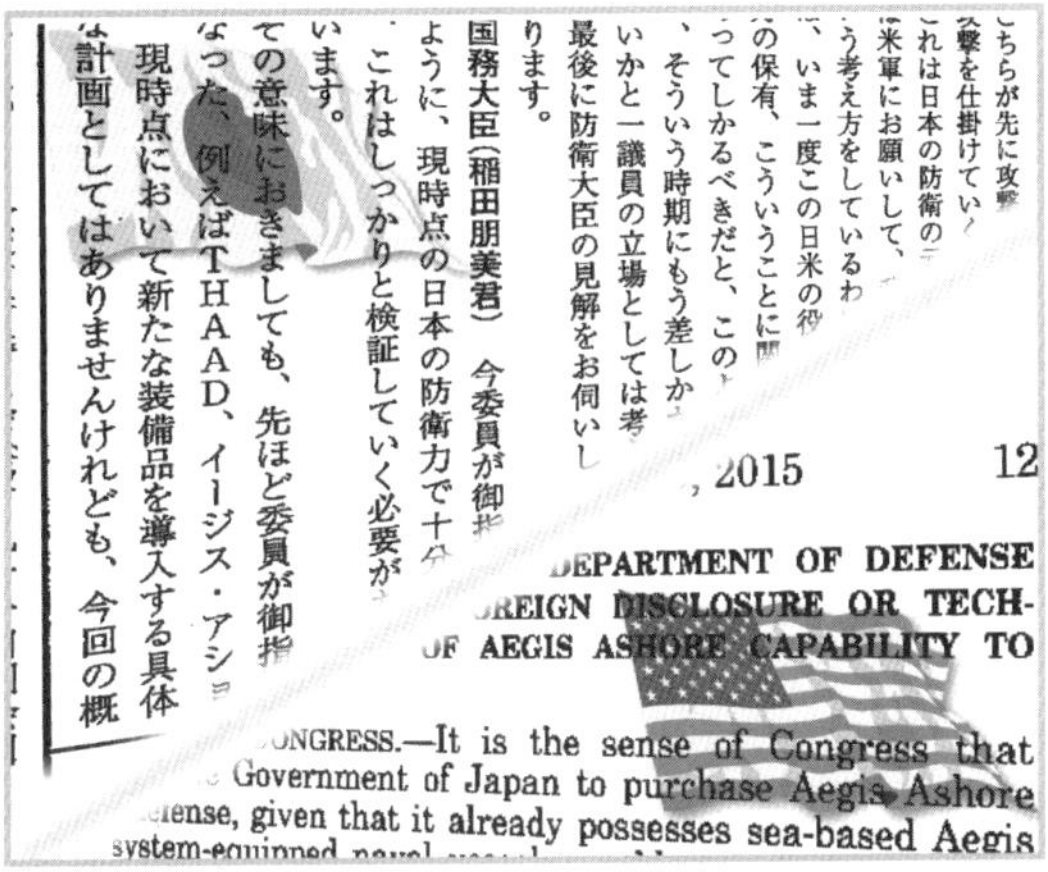
こちらが先に攻
攻撃を仕掛けてい
これは日本の防衛の
米軍にお願いして、
う考え方をしているわ
、いま一度この日米の役
の保有、こういうことに
ってしかるべきだと、この
、そういう時期にもう差しか
いかと一議員の立場としては考
最後に防衛大臣の見解をお伺いし
ります。
国務大臣（稲田朋美君）　今委員が御
ように、現時点の日本の防衛力で十分
これはしっかりと検証していく必要が
います。
ての意味におきましても、先ほど委員が御指
なった、例えばＴＨＡＡＤ、イージス・アシ
現時点において新たな装備品を導入する具体
計画としてはありませんけれども、今回の概

, 2015　12
DEPARTMENT OF DEFENSE
OREIGN DISCLOSURE OR TECH-
OF AEGIS ASHORE CAPABILITY TO
ONGRESS.—It is the sense of Congress that
Government of Japan to purchase Aegis Ashore
efense, given that it already possesses sea-based Aegis

2016年９月14日の国会会議録（左上）。参院外交防衛委員会で稲田朋美防衛相（当時）は、イージス・アショアについて「導入する具体的な計画としてはない」と答弁した。その前年、15年11月に成立した米国の2016会計年度国防権限法（右下）には「日本政府がイージス・アショアを購入する決定は、防空・ミサイル防衛能力の相互運用性と統合を促進する重要な機会となる」という議会声明が記されている

日本に先んじて米国で議論されてきた配備計画。日米間のギャップを映し出すこれらのやりとりは、インターネット上の日米それぞれの議会会議録にはっきりと刻まれている。

昨年６月28日の参院外交防衛委員会。

地上イージスは米軍の負担軽減に資するものではないのか―。連邦議会での議論を引き合いに、野党議員が、こうただす場面があった。

前田哲・防衛政策局長は「米軍の負担軽減を目的として導入をするといったものではない」と明確に否定した。

「米国のため」疑念拭えず（２０１９年１月11日付）

佐竹敬久知事「日本の上空を越えていくミサイル、これを一定程度捕捉して、米軍にデータリンクする目的があるんじゃないですか」

防衛省・深澤雅貴官房審議官「そこはあくまでも、日本を狙った弾に対処するためのものであって…」

昨年８月27日に行われた佐竹知事と防衛省側との４回目の会談。イージス・アショア（地上イージス）は、

ハワイなどへ向かうミサイルをレーダーで捉え、データを米軍と共有する役目を担うのではないか―。知事は疑問を呈したが、防衛省幹部は認めなかった。

地上イージスはそもそも、何を目的とした施設なのか。その根本について、防衛省の説明は一貫している。

「弾道ミサイルの攻撃から国民の生命と財産を守る唯一の手段」（6月、政務官持参資料）

「北朝鮮はわが国を奇襲的に弾道ミサイル攻撃できる能力を向上させ、引き続きその能力を保持している」（7月、防衛相回答文書）

「弾道ミサイルの脅威から国民の生命・財産を守るために整備を進めているもの」（7月、住民説明会資料）

「対北朝鮮」「国民の防衛」という言葉が繰り返されるだけで、米軍を中心とする安全保障体制の全体像に位置付けた説明はない。

「副大臣に就任させていただき、現地をぜひ見たいと…」。昨年12月21日に原田憲治防衛副大臣が佐竹知事と会談した際も、その姿勢は同じだった。

一方で、その3日前に政府が閣議決定した「防衛計画の大綱」には、米国の動向について、こんな記述がある。

「戦力の前方展開を継続するとともに、責任分担の増加を求めている」

戦後の日本と強いつながりを持ち続ける米国が、防衛上のさらなる役割を日本に要求している―。そうした図式が読み取れる。

「米国のために置くんじゃないのか」。配備候補地に近い秋田市新屋に住む佐々木吉弥さん（66）は、疑念を拭えないでいる。

地元銀行に30年以上勤め、地域経済を裏方として支えてきた。国防に関しては「自衛隊がいらないというつもりはない。日本で造れない防衛装備を外国から購入するのも、ある程度はやむを得ない」と思ってきた。

2018年6月22日、佐竹知事らとの会談後に報道陣の取材に応じる小野寺五典防衛相（当時）。会談では、地上イージスを配備する理由について「北朝鮮の弾道ミサイルから日本を網羅的に防御するため」と述べた＝県庁

一昨年秋に地上イージスの配備先として新屋が浮上した当初、しばらくは自身の考えを決めかねた。だが、防衛省の説明会に欠かさず足を運ぶ中で、思いは配備反対に傾いていった。

「説明を聞

くうち、納得できないことが増えてきた。北朝鮮が本当に日本へミサイルを撃つとは考えにくい。むしろ、中国やロシアへの抑止力として、米国のために配備を計画したのではないか、と考えるようになった」

周囲でも、同様の声が増えていると感じる。

「町内会の集まりになると『やっぱりおかしいよね』という話になる。国がやることなんだから何も言わないというのは、違うでしょ」

第2部 新屋演習場

観音像はなぜ海を向く

（2019年1月29日付）

地上イージスの配備計画に、周辺住民は戸惑い、反発する。連載「盾は何を守るのか」の第2部では、その思いの源流を、配備候補地がたどった軌跡の中に見ていく。

◇

小規模保育所園長の高橋摩美さん（49）は、秋田市新屋に暮らして30年以上になる。

自宅から700メートルほど離れた国道7号の向こうに広がるのは、陸上自衛隊の新屋演習場。「たまにダ、ダ、ダっていう音がすれば『何か訓練してるな』と思うぐらい。そんな存在でしかなかった」

だが、一昨年、その影を強く意識せざるを得ない事態が生じた。迎撃ミサイルシステム「イージス・アショア」（地上イージス）の配備計画である。

自分たちが暮らす住宅地に隣り合い、1キロ圏内には小学校や中学校、高校が点在する。改めて気付いたのは、そんな演習場の姿だった。「何かが起きたとき、あそこが狙われる危険性はないのかな。国を守らないといけないのは分かるけど、学校や住宅があまりに近いでしょう。なぜここなの？」

同じような疑問をいま、地域住民の多くが抱える。戸惑いの源流をたどると、この地が重ねた歩みの曲折が浮かび上がってくる。

演習場の約1キロ、日本海を見下ろす高台に小さな観音像の一群が立つ。「海を向いているのには、わけがあるんです」。隣接する勝平寺（しょうへいじ）の住職、髙柳俊哉さん（60）は言う。

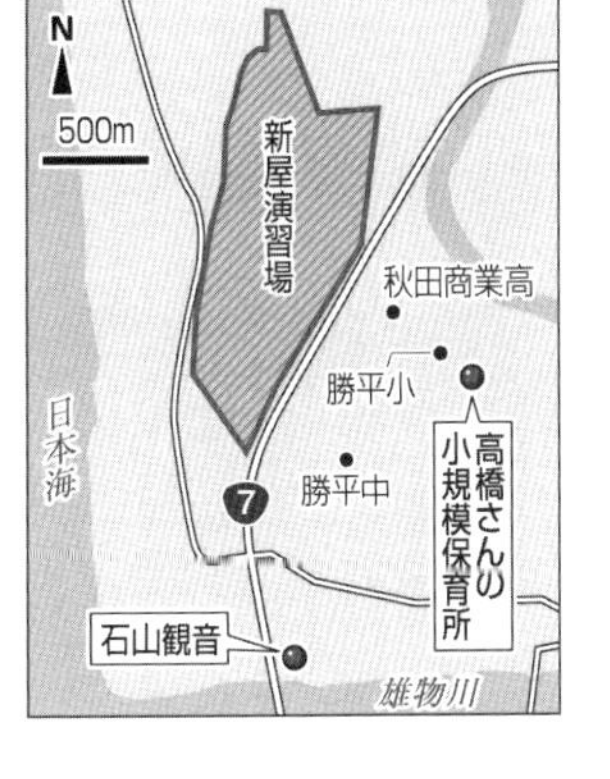

中に、60センチほどのひときわ古びた石仏が一体。地元の言い伝えでは、文治年間（1185～90年）に海から引き上

げられ、ここにまつられたものとされる。

　演習場のある一帯は現在、荒涼とした砂地が広がる丘陵地になっている。だが、周辺の遺跡の状況から、かつては樹木が覆う森林だったという見方がある。

　明治期に編まれた日本初の全国的な地誌「大日本地名辞書」も、かつては樹木が繁茂していたという言い伝えがあると記す。

　伝承によると、勝平寺は9世紀の初め、そうした森の中にあり、七つのお堂を備える大きな寺院だった。県内の大規模地震として最古の記録が残る830（天長7）年の大地震で、寺は崩壊。その際に近くの雄物川に流され、300年の後に海から引き上げられたのが、高台に残る石仏とされる。

高台の上で観音像が海を向いて立つ。3体並んだ中央が「石山観音」。2019年1月28日朝も近くの住民が参拝に訪れていた＝秋田市

　石仏は「石山観音」と呼ばれて親しまれるようになり、高台は地域の人々が足を運ぶ霊場となった。

　太平洋戦争後、地元の篤志家らが中心となって石仏の周囲に30余りの観音像を建立。「戦没者の霊を慰め、二度と戦争を起こさないという思いを込めるため、大陸や南方など戦地だった海の向こうへ向けて観音像を建てたのです」

　戦後70年の時を経て、新屋の住民はいま、据え置き型のミサイル発射基地を日本で初めて配備する政府の計画に向き合う。そこに設置される最新鋭のレーダーは、観音像と同様に日本海を向くことになる。

　「二度と戦争をしてはいけないという思いが込められた観音様と同じ方を向くなんて、やるせないものがあるなあ」。高柳住職は言う。

　高台では毎年9月24日、戦没者の慰霊祭が地域住民によって営まれている。

変遷重ねる海辺の林

（2019年1月30日付）


「村之老幼追思其徳不能忘」

　村民は老いも若きもその人徳をしのんで忘れることはできない――。そんな一文が刻まれた石碑が、新屋演習場から南へ約2キロの神社にある。江戸時代後期に

新屋地区にクロマツの砂防林を築いた秋田藩士・栗田定之丞（さだのじょう）（1767〜1827年）を祭る「栗田神社」だ。

「新屋の人々は長年、砂の害に苦しんだ」。県内の歴史愛好者でつくる「秋田歴史研究会」の会長を務め、新屋住民の一人でもある菅原忠さん（69）は言う。

古くは緑豊かな土地だったとみられている現在の新屋演習場周辺は、江戸期には飛び砂の害を住民に及ぼす砂地へと姿を変えていた。

菅原さんによると、一つのきっかけとみられているのが、戦国時代、織田信長と一向宗の対立だという。

北陸から逃れた一向宗門徒の中に、現在の演習場付近とみられる「勝平」に上陸した一行がいたという古文書の写しが残る。江戸時代に一帯で製塩業が発達した史実もある。

2018年10月29日、「適地調査」の開始に合わせ報道陣に公開された新屋演習場。砂地を囲むようにマツの砂防林が広がっていた

門徒たちが上方の進んだ製塩技術をもたらして塩づくりが盛んになった。結果として、製塩釜のまきとなる樹木の乱伐を招き、砂地の形成につながった—。そうした見方だ。

海岸部を覆った砂丘は、新屋の住民に深刻な被害を及ぼすようになった。

「土地が砂に埋まり、米の上納がかなわない」＝1734（享保19）年

「住家20軒が砂でつぶれた」＝1751（宝暦元）年

江戸中・後期の村役所の記録を収集した「羽後民政史料」（1936年）には、こうした被害が多数記されている。

藩内の飛び砂対策を担当する「砂留役（すなどめやく）」に1797（寛政9）年に任ぜられた栗田は、能代などにクロマツの砂防林をつくった後、新屋の植林に着手する。

多くの村人が協力した植林は、およそ20年がかりの一大事業となった。村内一帯の植林が終わったのは1832（天保3）

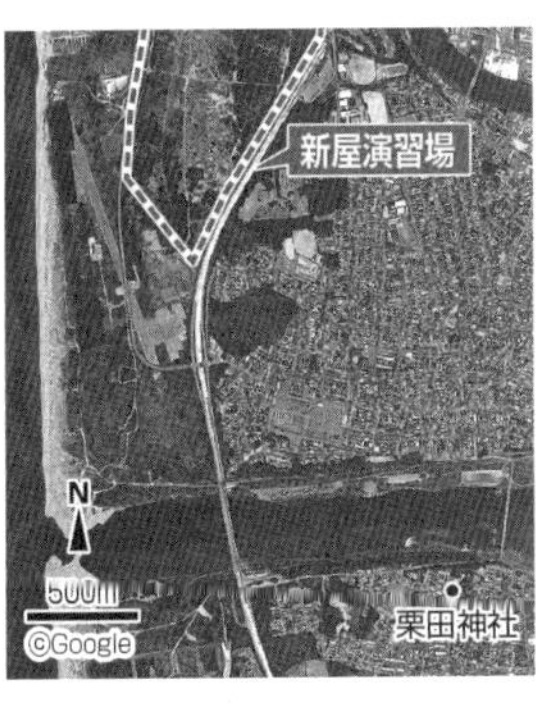

年。栗田が没して5年後のことだ。

栗田が端緒を開いた植林はその後、県などが引き継ぎ、住民団体や児童らによる植林も続けられた。そうした歴史の積み重ねとして、新屋演習場の周辺を含む今の砂防林がある。

現在、演習場は鉄条網に囲まれ、一般住民が入ることはできない。昨年10月、イージス・アショア（地上イージス）の「適地調査」の開始に合わせて防衛省が報道陣に敷地を公開した際、内部には青々としたマツの林が広がっていた。

砂防林は、まきを拾ったりキノコを収穫したりと住民が恵みを得る存在でもあった。菅原さんも幼いころ、煮炊き用のまきを拾いに砂防林を歩き回った経験があるという。

地域住民らによると、数十年前には、演習場内の砂防林にフェンスの切れ間から立ち入り、キノコなどを採ることも半ば黙認されていたという。「住民は砂防林から、さまざまな恩恵を受けてきた。栗田のおかげという感覚はありますね」。菅原さんは言う。

砂の害に代わり、現代の住民が直面する地上イージスの配備計画。市役所に嘱託職員として勤務する立場でもあり、菅原さんは「個人的な意見は口にしないようにしている」という。

影薄い土地に「まさか」（2019年1月31日付）

「夏の夜の夢」。秋田市新屋の戸井田錬太郎さん（81）は30年ほど前、こう題した一文をつづったことがある。新屋演習場の敷地に福祉施設を整備するアイデアをまとめたものだ。新屋地区の自治会報に投稿した。

新屋地区に引っ越して10年ほどたっていた。戸井田さんの目に演習場は「住宅地になじまない、違和感のある場所」と映っていた。だが、周りの住民はそう感じていなかったようで、投稿への賛同は広がらなかった。

月日がたち、戸井田さんは新屋地区の16町内会でつくる新屋勝平地区振興会の会長になった。任期中の一昨年、演習場に、迎撃ミサイルシステム「イージス・アショア」（地上イージス）を配備する計画が浮上する。「まさか、こんなことになるとは思わなかった」

「十七連隊演習地に／新屋十五万坪買上?」。1937年1月17日付の本紙に、旧陸軍が新屋の海岸沿いを演習地として買い上げる構想が載っている。さまざまな歴史を刻んできたこの土地が、現在の演習場へと姿

戸井田錬太郎さん

を変える直接的な契機だ。

およそ半年後の日中開戦を経て、日本は対米戦争へとなだれ込む。そして、国民に多大な犠牲を払った末、1945年に敗戦を迎える。

戦後、日本の民主化を進めた米国は、50年の朝鮮戦争勃発を機に占領政策を転換。同年、連合国軍マッカーサー最高司令官の指令に基づき、陸上自衛隊の前身にあたる警察予備隊が発足する。

県内では、52年に秋田部隊（現在の陸自秋田駐屯地）が新設された。自衛隊が発足した54年には、国が新屋演習場の用地を取得した。

■新屋演習場を巡る経緯

1950年	陸上自衛隊の前身・警察予備隊創設
52年	秋田部隊（現陸自秋田駐屯地）新設
54年	自衛隊発足。国が新屋演習場の用地を取得
70年	勝平小開校
78年	秋田商業高が地域外から移転
87年	勝平中開校
2009年	北朝鮮弾道ミサイルへの備えで国が地対空誘導弾パトリオット（PAC3）を一時配備
17年	イージス・アショアの配備候補地に浮上
18年	国が適地調査を開始

開設当初の秋田部隊に勤務した秋田市の元自衛官（92）は「警察予備隊に入って最初に渡された制服は、米軍貸与のジャケットだった。土煙の上がる市内の道路をトラックの荷台に乗って、新屋演習場に行った」と振り返る。

その後の経済成長期に、演習場の周辺は開発が進み、人口が急増した。

一方、周辺住民にさしたる危険を及ぼすわけでもない演習場は、地域内で影を薄めていく。

地元の歴史などをまとめたさまざまな出版物からは、住民の意識がうかがえる。

旧秋田空港跡地の上空から小型無人機ドローンで撮影した新屋演習場。画面奥に秋田市の市街地が広がる＝2019年1月12日

88年刊行の「新屋衆の歩いた道」は、運動具店のオープンや老人クラブの作品展といった出来事を事細かに年表に記しながら、演習場に関する記述を1行も残さない。地域の将来展望をまとめた69年刊行の「これからの新屋」は、巻末の地図から演習場を除外した。「新屋郷土誌」（70年）、「新屋風土記」

（83年）…。いずれの書籍にも、演習場はまったく姿を見せない。

戸井田さんは敗戦前夜のある光景を記憶する。秋田市土崎地区を8月14日夜に米軍機が爆撃し、市民に多数の犠牲が出た「土崎空襲」。20キロほど離れた地域から見た土崎の夜空は真っ赤に燃えていた。「土崎が狙われたのは、製油所があったからでしょ。イージスだって、戦争になれば当然狙われる」

「福祉施設を提案した時、俺の夢に新屋のみんなが賛同してくれれば、こんなことにはならなかったんだ」戸井田さんの感慨である。

第3部 秋田と日米安保

緊急着陸、県民蚊帳の外

（2019年2月19日付）

迎撃ミサイルシステム「イージス・アショア」の配備計画を巡ってわれわれはいま、この国のありようをつかさどる日米安保体制を意識せざるを得ない状況に直面している。連載「盾は何を守るのか」の第3部は、県内での安全保障問題の先例に目を向け、現在につながる日米の関係をたどる。

◇

「上空を通過したい」

1988年8月25日午前10時半すぎ、秋田空港の管制に無線連絡が入った。

数十秒後、爆音を響かせて滑走路上空を通過したのは、2機のジェット戦闘機。米軍三沢基地（青森県三沢市）に所属する当時最新鋭のF16戦闘機だった。

秋田市の小学校教員、伊藤善弘さん（57）は、勤務していた県央部の小学校で機体を目撃した。「ゴーッという音を立てて日本海へ飛んでいった。なんで驚かすようなことをするんだと思った」

「耳をつんざくような音」「すさまじい爆音」。翌日の秋田魁新報は、住民の驚きや、運輸省秋田空港出張所（当時）の「返答する間もなかった。事後通告と同じだ」という憤りを掲載した。

前触れなく滑走路上空を通過した理由について、本紙が伝えた三沢基地担当者の説明は、次のようなものだ。「有事の際、三沢以外の飛行場を利用する場合がある。地形やアプローチの習熟のための訓練飛行だった」

秋田空港への突然の飛来には、150キロ余り離れた三沢基地を巡る安全保障環境の変化が影響していた。

戦時中の海軍飛行場に端を発する三沢基地は、敗戦後、米軍の航空基地となった。

その基地機能が大幅に増強されたのは、80年代。「北東アジアで最北に位置し、近代化を進める極東ソ連軍に対抗するため最適な場所」。米太平洋軍の82年版活動報告書には、三沢基地について、このような認識が記されている。

第2次大戦の終結後、米国とソ連は国際社会の覇権を巡り、冷戦と呼ばれる対立に突入。ソ連に対する防波堤としての重要性が増した日本で、米国は在日米軍基地の強化を進めていく。

75年に米空軍が採用したF16が三沢に配備されたのは85年。当時の本紙には「極東ソ連軍の増強の中で、三沢基地の抑止力の任務は大きい」という米第5空軍副司令官の言葉が記されている。「長距離、昼夜間、全天候の爆撃が可能」（82年版活動報告書）というF16は、北海道から東北にかけた広い範囲で訓練飛行を繰り返した。

1988年9月22日午後2時すぎ、秋田空港に緊急着陸する米軍のF16戦闘機（田村行信さん撮影）

そうした動きに、秋田空港も無縁ではいられなかった。

88年8月の上空通過から1カ月もたたない9月22日、日本海上で訓練中だったF16が燃料漏れを起こしたとして秋田空港に緊急着陸。さらに、翌89年5月30日にも、対地攻撃訓練中だったF16がエンジントラブルを起こしたとして緊急着陸した。

2日後の6月1日、政府に再発防止を申し入れるため池田竹二郎副知事（故人）が上京。応対した外務省局長は「県民の不安は十分理解し、米大使館にも伝える」と述べる一方、こうも語った。「日米安保条約に基づく地位協定のことも県民に理解してほしい」

当時同行した元県幹部（82）は「地元では大騒ぎだと説明したのだが、そういうことを言ってくるのは意外だというのが、国の反応だった」と振り返る。

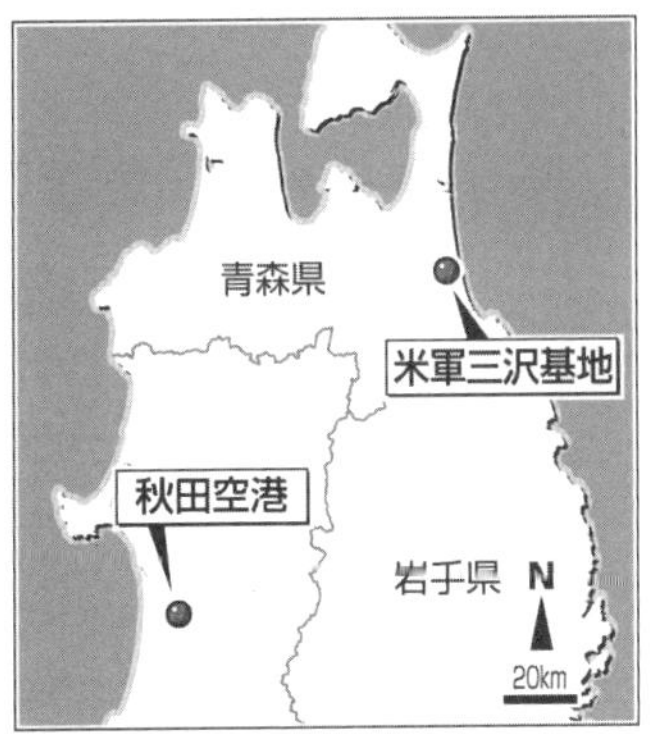

日本国内における米軍の地位や権限を定めた「日米地位協定」は、60年の日米安全保障条約改定時に結ばれた。米軍人が公務外で事件

や事故を起こした際、米側が先に身柄を拘束すれば、日本が起訴するまで身柄が日本側に引き渡されないため取り調べが困難なことなど、米軍に与えられたさまざまな特権が批判されてきたが、改定されたことは一度もない。

民間空港の上空通過については、2015年3月26日の衆議院安全保障委員会で外務省幹部が「米軍機は日米地位協定に基づき、わが国の飛行場に出入りすることが認められている。ローアプローチ飛行であっても、地位協定の条文に言う『出入り』を前提とした慣熟訓練に当たり、認められる」という見解を示している。

対ソ戦略を強力に押し進める米軍と、その米軍に対する従属性が固定化された日本。そうした図式の中で、F16が引き起こす騒動に県民は手も足も出せなかった。

「1988年の上空通過後、いつか米軍機が着陸しに来るんじゃないかという予感はあった」。緊急着陸当時、秋田空港で働いていた田村行信さん(66)＝前橋市＝は振り返る。

「何かの事態に備え、地図の上だけでなく、実地に空港の状況を把握しておきたい。米軍にとっては、そう考えるのが当然だったのだろう」

低空飛行横行「わが物顔」(2019年2月20日付)

北秋田市に住む藤本英夫さん(76)は、1997年9月9日の午後を鮮明に記憶している。

森吉山に登る途中だった午後2時ごろ、標高1300メートルほどの尾根筋を歩いていた時、空の向こうから爆音が迫ってきた。

「ギュルギュルギュルーッて、まるで空気が割れる音。地面に伏せたくなったけど、踏ん張った」。100メートルほど先の山肌をかすめるように、米軍の戦闘機が飛んでいった。

ぼうぜんと立っていると、国の天然記念物イヌワシが周囲を舞った。「自然公園であんなことやるなんて、たまったもんじゃない」。後日、何とかならないかと県に相談したが、「難しい」という返答だった。

その8年前、89年1月16日付の秋田魁新報は、米軍のF16戦闘機による低空飛行に対し、県内の全市町村議会が意見書や決議で「反対」の意思表示をしたことを伝えた。「県内全市町村が同一問題で共同歩調を取るのは極めて異例」。記事は事態の重要性をそう強調した。

県の記録によると、ジェット戦闘機の低空飛行に対する苦情が県に寄せられるようになったのは86年から。青森県三沢市の米軍三沢基地にF16が配備された翌年のことだ。

80年代後半、F16の低空飛行による騒音は、県民がそれまでに経験したことのない社会問題となった。「F16低空飛行に憤り」「苦情や通報相次ぐ」。当時の本紙には、こうした見出しが躍る。

だが、1990年代に入ると状況は変わっていく。1987年度に県内全域で510件、88年度に213件あった通報や苦情は、1992年度に93件と急減。98年度には40件と、ピーク時の十分の一を切るまでに減った。

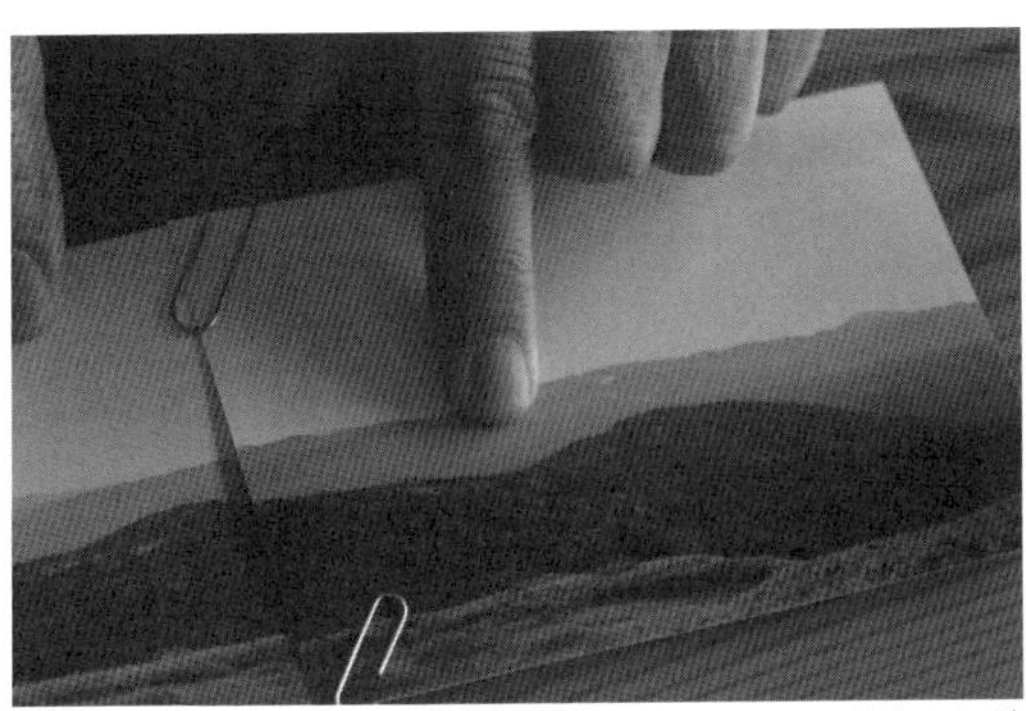

1997年9月にF16戦闘機が目の前を飛び去った場所を藤本さんが指さす。尾根をかすめるように通過したという＝北秋田市

「三沢基地に寄せられる騒音苦情が減った」。米軍の準機関紙「スターズ・アンド・ストライプス」（本部・ワシントン）は2000年6月27日、三沢所属のF16が引き起こす騒音苦情が減っているとして、その背景を解説する記事を掲載した。

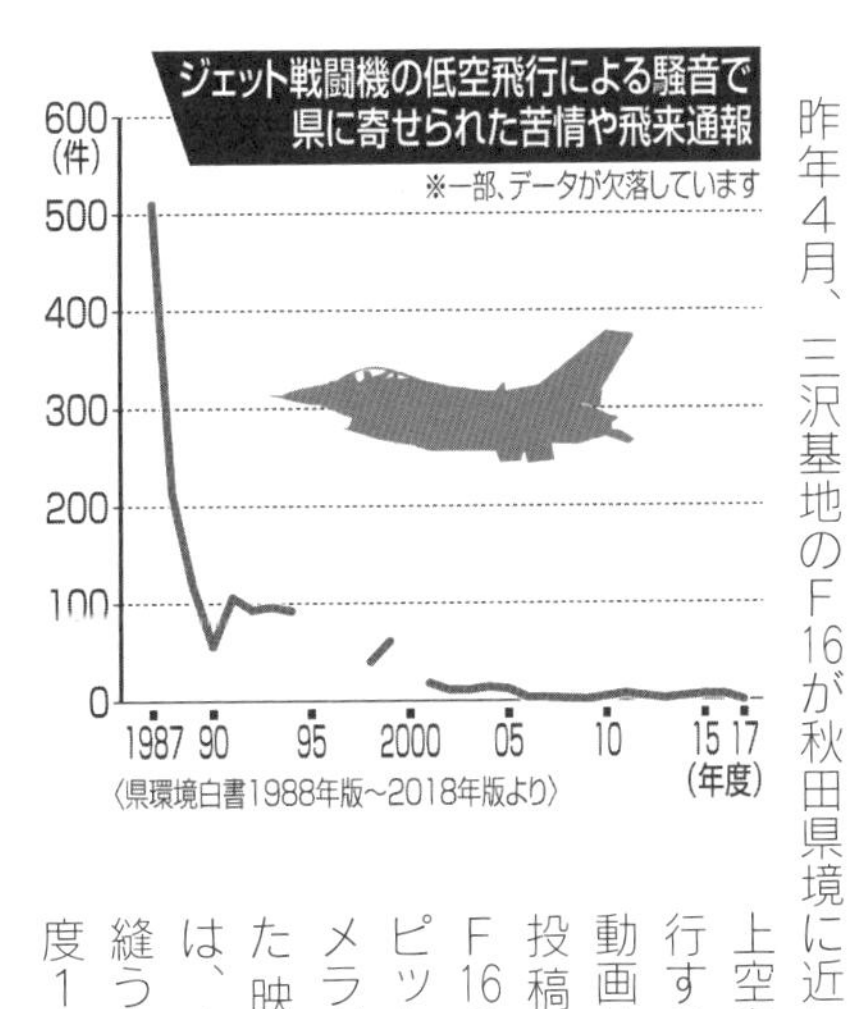

記事の中で、三沢基地の元幹部は、F16部隊に課せられる主要な任務が変わったため、年間の出撃回数のうち50%を占めていた低空飛行訓練が6・5%にまで減ったと説明。「パイロットによる低空飛行を目撃するのは今やめったにないことだ」と述べた。

だが、同じ記事の中で元幹部は、こうも語っていた。

「敵対する国の中には、パイロットに低空飛行を強いるような防御を備えているところもある。敵のレーダーに探知されない低空飛行の技術を磨く必要は依然としてある」

昨年4月、三沢基地のF16が秋田県境に近い岩手県上空を低空飛行する様子が動画サイトに投稿された。F16のコックピット内のカメラが撮影した映像からは、山あいを縫うように高度100メートル前後を飛んだことがはっきりと分かる。

航空法施行規則は、人家のない地域での最低安全高度を150メートルと規定するが、日米地位協定に基づく航空法特例法により、米軍機は適用を除外されている。日米間には1999年1月に結ばれた「在日米軍による低空飛行訓練について」と題する合意も存在。そこには「在日米軍は航空法に規定される最低高度基準を用いている」と記されているが、法的拘束力はない。

藤本さんは、表紙に「H13・7月・米軍機」と記した小さなアルバムを保管している。2001（平成13）年に撮影した写真を収めた。

写真に映っているのは、山中にうち捨てられたように転がる2メートルほどの金属製の筒。同年7月に森吉山の山肌で見つかった、米軍機からの落下物だ。

「国を守るために日米安保条約があるのは理解するが、米軍がわが物顔で飛び回るっていうのはどうなんだ。日本は独立国なのかという話だ」。藤本さんは昨年も一度、山中で低空飛行を目撃したという。

演習が示した対米追随

（2019年2月21日付）

県内の漁師にとって、日本海のマス漁が大きな収入源だった時代がある。最盛期は5月。そのさなかに海上自衛隊と米海軍による日米合同演習が実施されたのは1981年のことだ。

「なぜわれわれの操業が制約を受けなければいけないのかという思いしかなかった」。八峰町八森の漁師で、県漁業協同組合の前組合長、藤田博英さん（67）は振り返る。

この演習が行われた81年は、日本と米国の関係が新たな段階に入った年でもあった。

5月8日、米ワシントンで開かれた日米首脳会談。鈴木善幸首相とロナルド・レーガン大統領による共同声明は「同盟関係」というキーワードを文中に初めて盛り込んだ。

「それまでの『安保協力』から『同盟協力』へと日米関係がアップグレードされた」。海洋安全保障に詳しい明海大の小谷哲男准教授は指摘する。

会談に合わせて防衛庁は、秋田沖で日米合同演習を実施すると発表。マスの好漁場が含まれていたことから、県内の漁業団体は「マス流し網漁に与える影響が大きい」と訴え、演習の中止を防衛庁に求めるよう県に要請した。

合同演習には、ソ連をけん制する狙いがあったと小谷さんはみる。

小谷さんによると、ウラジオストクを拠点とするソ連海軍は、水上艦と潜水艦をそれぞれ100隻以上所有。オホーツク海には核ミサイルを搭載した潜水艦を配備しており、護衛する水上艦、潜水艦をウラジオからオホーツク海に差し向けるには、途中で通過する日本海が重要な意味を持つ海域だったという。

秋田さきがけ　明治7年(1874)創刊　昭和56年(1981年)5月22日　金曜日

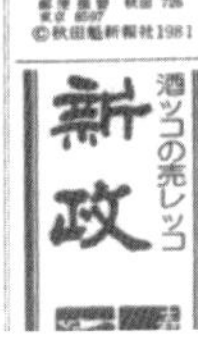

漁網切断で訓練中止

防衛庁、緊急首脳会議

米海軍の同意

本県沖での事

「中止は当然」佐々木知事

「漁網切断で訓練中止」の見出しを掲げ、日米合同演習の中止を1981年5月22日付1面トップで伝えた秋田魁新報の紙面

合同演習は81年5月12日に始まった。82年版の防衛白書によると、参加した艦艇は日本側10隻、米側12隻。81年度に日本周辺の海上で実施された5回の合同訓練の中で最も規模が大きかった。

しかし、演習が始まると、事故が相次ぐ。

前期演習中の15日、北海道や青森の漁船40隻以上のはえ縄が切断されていたことが判明。19日からの後期演習では、男鹿や八森の県内5漁船の網が切られ、藤田さんの漁船も被害を受けた。

相次ぐ漁業被害を重くみた防衛庁は21日、演習を終了すると発表。日米両国の同盟関係をうたった直後の演習は、全日程を終えることなく中止に追い込まれた。

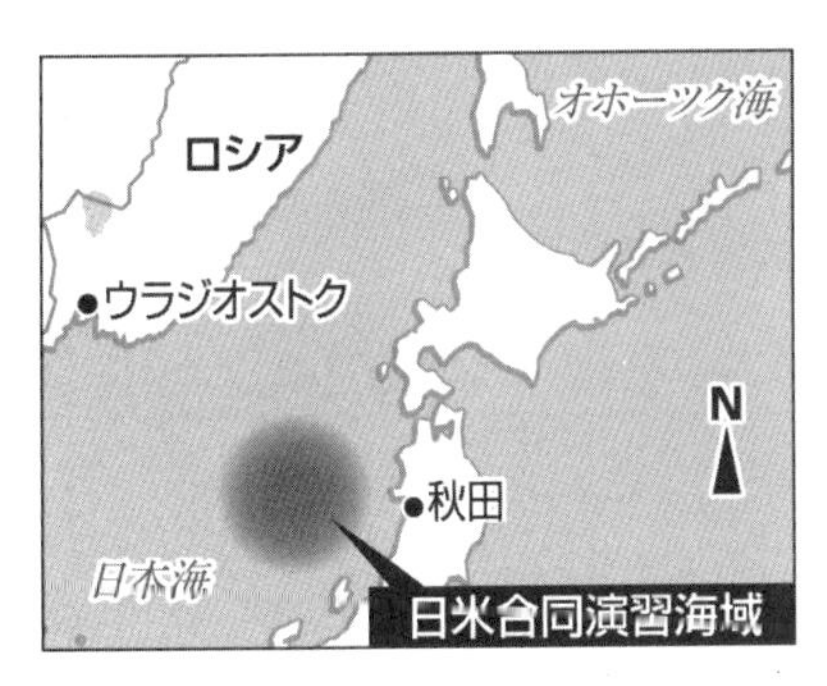

「日米合同演習史上、前例のない〝珍事〟」。秋田魁新報は演習中止を22日付朝刊の1面トップで報じた。

「今回の日米共同訓練には無理があった。事前の調整を行わず、日米の軍事関係者だけで決めた訓練が、結果的に漁網切断の事故を招いたといえる」。佐々木喜久治知事は記事の中で、こう語っている。

合同演習から浮かび上がるのは、地元の声よりも米国との協調を重んじる日本の姿だ。

演習のいきさつは全国紙も軒並み、社説で取り上げた。

読売新聞は「漁民への配慮欠いた合同演習」と題して防衛庁を批判。「アメリカの意向にばかり配慮してきた対米追随的な姿勢」「最近の東西関係の緊張再燃に便乗した形の軍事傾斜と民生軽視の風潮」といった厳しい言葉を並べ、「今回の事故には、防衛庁のこうした姿勢が反映されているといっても、決していい過ぎではないだろう」と指摘した。

それから40年近くの年月が流れた。秋田沖のマス漁は国際的な漁獲制限などの影響で採算がとれなくなり、県内では20年ほど前には操業する人がいなくなった。藤田さんは現在、タラなどを取る底引き網漁が中心だ。

「安全保障の面ではアメリカが引っ張り、日本がついていく。その点はあの時からずっと変わっていないのではないか」。藤田さんはそう感じている。

無縁ではない「同盟」の影 （2019年2月22日付）

「以下の通り情報提供がございましたのでお知らせ致します」

県庁2階の県国際課に時折、防衛省からメールが届く。

「本日夕方、CVオスプレイ1機が横田を離陸し三沢に着陸予定、その後、本日夕刻、三沢を離陸し横田に着陸予定との情報がありました」

1月30日午後3時33分に送られたメールは、このような文面だった。米軍横田基地（東京）に配備された輸送機「CV22オスプレイ」が、580キロ離れた米軍三沢基地（青森）との間で往復飛行するという情報。米軍から連絡を受けた防衛省が東日本の各県に送った。オ

防衛省から県国際課に届いたメールと、
横田基地に着陸するオスプレイ

スプレイが横田を拠点とした運用を昨年4月に始めて以降、こうしたメールが県には20回届いている。

だが、これらは市町村への提供など県民の目に触れる形で生かされてはいない。「どういうルートを飛ぶのか分からず、情報提供しようがない」（県国際課）ためだ。

今回のシリーズでは、過去に県内で生じた日米安保にまつわる事象に目を向けた。

秋田と日米安保、主な出来事

1969	▶米駆逐艦オーレックが秋田港に寄港
1981	▶秋田沖での日米合同演習が漁業被害をもたらし、日程途中で中止に
1986	▶米軍三沢基地所属のF16戦闘機による低空飛行が県内で目撃され始める
1988	▶三沢のF16が秋田空港上空を突然通過。1カ月後には緊急着陸
1989	▶三沢のF16が秋田空港に2度目の緊急着陸
1999	▶白神山地上空を米軍の戦闘機が低空飛行し、県が米軍に自粛を要請
2001	▶森吉山中で米軍機からの落下物が見つかる
2004	▶横田基地所属の米軍ヘリが給油のため秋田空港に着陸
2006	▶米イージス艦ステザムが秋田港に寄港
2009	▶北朝鮮の弾道ミサイル落下に備えて陸自新屋演習場に地対空誘導弾パトリオット（PAC3）を一時配備
	▶米イージス艦カーティス・ウィルバーが秋田港に寄港
2010	▶米軍機の低空飛行によるとみられる騒音で大館市の比内地鶏86羽が圧死
2017	▶イージス・アショアの配備候補地に新屋演習場が浮上
2018	▶米軍横田基地所属のオスプレイが秋田上空を飛び始める

県内には米軍基地がなく、県民が安全保障問題に直面する機会も多くない。だが、F16戦闘機による緊急着陸や低空飛行、秋田沖での日米合同演習のように、戦後の日米関係が抱える対米追従が生んだひずみは過去、われわれに決して無縁ではなかった。

その構図は、現在も続いている。

オスプレイは、両翼のプロペラを上に向ければヘリコプターのように、前に向ければ固定翼機のように飛ぶことのできる新型の輸送機。旧来の輸送ヘリに代わる存在として、米軍が2000年代から導入を進めてきた。

だが、開発段階で事故が相次いだことから安全性を懸念する声が根強く、米軍が12年に海兵隊用の「MV22」を沖縄の普天間飛行場に日本で初めて配備した際には、激しい反対運動が起きた。

佐竹敬久知事も同年7月5日の県議会予算特別委員会では、オスプレイについて「一応形式上は完成されているが、成熟した航空機にはなっていない」という認識を示し、「（国内に）配備され、訓練区域という形で秋田上空で飛行するということになると、私としてはそう簡単に受け入れるわけにはいかない」と発言している。

米軍機は日本国内の基地の間を自由に移動でき、飛行訓練を行う際にも日本側への連絡を要しない。外国の軍用機がわが国の上空を自由に飛び回る姿が日常のものとなっているのは、日米地位協定が規定する米軍の優位が両国関係の根底にあるからだ。

オスプレイの普天間配備に際して米軍が12年に公表した環境審査報告書には、米軍が国内での低空飛行訓練で長年利用してきた六つの飛行ルートが記されている。中には、山形から秋田、青森へ抜ける「ピンクルート」が存在し、昨年県内で目撃された場所はいずれも、その周辺だった。

だが、オスプレイの飛行に関して県に届くメールに、どのルートを飛ぶかは記されていない。横田基地の周辺自治体や東京都が「訓練等についての迅速な情報提供」を求めたのを背景とする、最低限の情報提供にす

ぎないからだ。全国の在日米軍基地を監視する市民団体「リムピース」の頼（らい）和太郎編集長（70）は「CV22は特殊作戦部隊を極秘裏に敵地に運ぶのが任務。秋田での飛行も、そのための訓練という側面があるだろう」とみる。

昨年12月、政府はおよそ10年先を見据えた防衛政策の基本方針「防衛計画の大綱」（防衛大綱）を閣議決定した。

防衛大綱は、中長期的な視点に立った安全保障政策の指針で、米ソ冷戦下の1976年に初めて策定。過去40年余りで大綱は6度示された。

六つの大綱を比べた時、登場回数を増やしているキーワードがあることに気付く。

初めの三つの大綱にその言葉はない。初めて出てきたのが2010年大綱の計6回。13年大綱では8回に増えた。それが、迎撃ミサイルシステム「イージス・アショア」（地上イージス）の配備計画浮上後に初めて定めた18年大綱では、17回に倍増した。

「日米同盟」の4文字が、それである。

第4部 首長と議会

知事と市長、見えぬ本音

（2019年3月19日付）

第4部は、住民を代表する立場にある知事や秋田市

長、議会が地上イージスの配備計画にどう向き合っているかを見ていく。

◇

「秋田県と秋田市を信じるしかない」

秋田公立美術大学の副学長、藤浩志教授（58）＝美術＝は先月、フェイスブック（FB）にこう書き込んだ。迎撃ミサイルシステム「イージス・アショア」（地上イージス）の配備に反対する考えを記した投稿だ。

秋田市を設立母体とする公立美大は、配備候補地から約2・5キロという至近にある。5月にイタリアで開かれるベネチア・ビエンナーレ国際美術展の出品作家チームに選ばれている石倉敏明准教授（44）＝芸術人類学＝も「芸術文化のまちづくりを掲げる市の文化政策と軍事基地は相いれない」と批判する。

藤浩志副学長

石倉敏明准教授

だが、秋田市への配備計画が浮上して1年余り、知事と秋田市長は態度表明を避け続けている。

「なんか分かんないけども、SNS見ると賛成の声ばっかし来るんだな。若い連中から」

今月7日、県議会閉会後の会見で佐竹敬久知事はこう述べた。地上イージス問題は統一地方選の争点になるだろうかという質問に対して自ら話題を転じ、インターネットの会員制交流サイトでは配備賛成の声が大きいという私見を披露した。

佐竹知事の真意は見えにくい。

「いいか悪いかの判断を、今の段階でするというところには至りません」。2017年11月27日、秋田市への配備構想が表面化して初めての会見で、知事はこう述べた。

政府に対する反発を見せ始めたのは、秋田市が正式に候補地に挙がった18年6月1日の防衛政務官との会談以降。

「私自身がある程度すとんと落ちないものには、協力的な態度は取れない」（同月18日の会見）、「もう少し時間をかけて、秋田県内だけではなく青森から北海道、日本海側を検討すべきです」（同年7月30日の会見）。

師走を迎えて態度が変化する。

「秋田全体の振興発展、例えば防衛の中枢の一部を一緒に置くとか」。原田憲治防衛副大臣との12月21日の会談で、配備に連動した振興策への期待を口にした。報道陣にも「（配備されれば）経済的損失もある。そういう面の補塡（ほてん）、補償は必要」と述べ、心中を分かりにくくした。

　穂積志秋田市長も本音が見えない。

「配備の是非を意思表示できる段階にはない」（18年3月28日、政府の新年度予算成立を受けた取材に）。公式な配備計画が明らかにならない段階では、こうした発言を徹底。秋田市が名指しされた後も「仕様や装備などの詳細が明らかになっていないことから、現時点では判断しかねるものであります」（同年6月18日、市議会一般質問）という姿勢を貫く。

　公立美大の藤さんは、FBへの投稿で、配備によって軍事拠点化してしまった場合を想定し、「ここに暮らすことができなくなる。学生を集めるどころではない」という思いまで記した。だが、知事や市長の姿勢については「信じるしかない」という表現にとどめた。

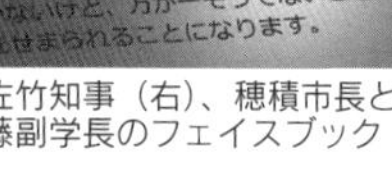

佐竹知事（右）、穂積市長と
藤副学長のフェイスブック

　背景には、20年ほど前の経験があるという。

　実家のある鹿児島市が1993年8月に集中豪雨に遭った際、鹿児島県は災害対策として河川の改修工事を計画。江戸時代から残る石橋が移設されそうになり、市民らによる保存運動が展開された。その輪に加わった藤さんだったが、行政との対立の末、運動は望んだ結果につながらずに終わった。

　「状況を変えるには、知事や市長のような立場の人に住民の思いをくみ取って動いてもらう必要があると実感した。そのための『信じる』なんです」

知事「軍事に精通」自負（2019年3月20日付）

　「レーダーがSPY－1からSPY－6に代わるという可能性がうわさされています。弾頭についても今のSM3ブロック2Aのシングル弾頭の誘導弾をアメリカあたりでは複数弾頭のマルチプル・キルビークルに変えるべきだという話も…」

　昨年6月1日、イージス・アショア（地上イージス）の配備計画に関連して防衛省が初めて公式に県庁を訪れた場で、佐竹敬久知事は軍事用語を次々と繰り出した。相対する福田達夫政務官は「知事の情報量の多さにはびっくりしました」と驚いた風を見せた。

配備計画を巡り、佐竹知事は防衛問題に精通しているという自負心をしばしば表に出す。

「私の場合、専門的な一定の知見がございます」（2018年2月13日の会見）、「私の方もレーダーの勉強をしていますので、かなり知見を持っていますので」（同年5月21日の会見）、「（防衛省内の事務方を指して）アマチュアから説明を受けても、これどうしようもないです」（同年6月18日の会見）。

同年6月22日の小野寺五典防衛相（当時）との会談では、大学時代に「防衛技術関連の研究に少しばかり」携わったことがあると、自身の経歴に触れた。ある県幹部は「イージス問題以前からの、根っからの軍事マニアだ」と話す。本連載第1部「太平洋の盾」で触れた、弾道ミサイル防衛を巡る米国内の動向への目配りには、このような背景があるとみられる。

そうした知事の言動には、国と地方の関係に対する独特の感覚も見え隠れする。

「使えます。当然でしょう」。15年6月8日の会見。自衛隊機の使用を救難用などに限定する県と国の協定がある秋田空港について、有事の際に戦闘機や哨戒機は利用できるかと問われた知事はこう述べた。

さらに「国家の有事の際に国家の全体の目的に沿うのが地方機関です。有事の際は全部接収。これが国家意思です」と語り、続けた。「その時に駄目ですなんて知事は相当ばかだ。そんなにばかじゃないから。私は」

東北大学工学部を1971年に卒業後、翌年県庁入り。地方課長、総務部次長と順調に昇進を重ね、49歳で県職員を辞して挑戦した97年の知事選には落選したものの、2001年以降、2回の秋田市長選、3回の知事選に連続して当選。この間、全ての選挙で自民党の支持を受けてきた。

1997年知事選の際の秋田魁新報記事は、「将来の知事候補」「県庁のホープ」という県職員時代の人物評を記す。県行政の本流を歩み、政府与党と良好な関係を続けてきた足取りは、イージス問題を巡る発言にもにじむ。

配備候補地で行う調査の説明に訪れた防衛省職員を前に、見解を述べる佐竹知事＝2019年１月28日、秋田市の県庁

「国防上の

イージス・アショアがいいとか悪いとかについては（県には）権限はありません」（２０１８年３月16日の県議会予算特別委員会）

「政府の上層部で決まったことですので、そう簡単に覆すことにはならないのではないかと思います」（同年10月３日の県議会予算特別委員会）

「国の大きな防衛上の政策ですから、プランニングを見る前に拒否するという立場は行政の首長として取るべきものではないと思う。国からの具体的なものがないうちに、これを駄目ですという判断は私の政治信条からはしない」（同年12月25日の会見）

江戸期に角館を統治した佐竹北家の第21代当主という顔も持つのが、佐竹知事である。

「相当思い切った提案、提案というか措置。これが官邸から出てるような雰囲気です」。今月４日の県議会予算特別委員会の総括審査で知事は、配備計画を巡り政府から新たな提案があるのではないかという見解を示した。

「あくまでも臆測です」と断った上での発言だったが、唐突な内容に違和感を持った関係者は少なくない。ある野党県議は「仮に水面下の情報があるのなら県民に示すべきだし、そういう話が実際にはないのなら、不信を招くだけだ」と真意をいぶかしむ。

市長、慎重姿勢崩さず

（２０１９年３月21日付）

「国防のため、配備は必要と思うが、どうか」。今月６日の秋田市議会一般質問。保守系の最大会派・秋水会の鎌田修悦会長（72）が、イージス・アショア（地上イージス）の配備について12項目の質問を並べた。

鎌田氏は、議長を務めた経験もある市議会の重鎮。４月に行われる市議選には出馬せず、今任期での引退を決めている。地上イージスの配備に賛成する自身の立場を明確にして市長に態度表明を迫る質問は、議場に緊張感をもたらした。

答弁に立った穂積志市長は、手元の原稿を淡々と読み上げた。

「防衛省が各種調査を実施しているところであり、現時点で判断しかねるものであります」。これまで繰り返してきた内容と変わるところのない答弁。「しゃべらないだろうとは思っていたが…。賛否をはっきり言わないにしても、市長の考えを聞きたかった」。質問後、鎌田氏はそう漏らした。

穂積市長は秋田市議、県議を経て、２００９年の市長選で初当選。医師だった父（故人）も元県議で、社会党県委員長を務めたこともある。穂積市長自身は、直近の17年市長選で自民、公明、社民から支援を受けるなど、幅広い政治勢力を味方にしてきた。「保守で

秋田市議会の本会議に臨む穂積市長＝2019年2月27日

も革新でもない」と鎌田氏は評する。

穂積市長の地元は、地上イージスの配備候補地・陸上自衛隊新屋演習場を抱える新屋地区。配備計画はまさに足元の問題だが、これまでの発言には慎重な姿勢が目立つ。

「防衛、外交に関しては国の専権事項なので、この部分については慎重に対応したく、はっきりしない段階で予測に基づいてコメントすることは控えさせていただきたい」（17年11月27日の記者会見）

「政府から（配備候補地が）秋田だと出ているわけではなく、今の段階でコメントは差し控えたい。引き続き、国会審議の推移を見守りたい」（18年2月9日の取材に）

「住民の不安が払拭（ふっしょく）されるよう、国の責任において具体的かつ丁寧な説明を尽くしていただきたい」（18年6月18日の市議会一般質問）

穂積市長の政治姿勢は、17年の市長選で掲げた36項目の公約に端的に表れている。

「雇用拡大による若者の地元定着を促進」「女性が働きやすい職場環境の整備」…。大半を占めるのは、市民の誰もが異論なく受け入れられるテーマ。多少なりとも賛否が分かれそうなのは、初当選時から掲げる「新駅の設置」など数えるほどだ。

30万の人口を擁しながら、世論を二分する政治テーマと長く無縁だった県都秋田市。幅広い政治勢力から支持を得て安定的に市政を運営してきた穂積市長にとって、地上イージスの配備問題は初めて突きつけられた明確な踏み絵といえる。

新屋演習場に隣接する新屋勝平地区振興会は今年1月、毎年恒例の新年会を地元のコミュニティセンターで開いた。住民らで盛況だった祝いの場に、市長の姿はなかった。過去2年は来賓として出席しており、欠席は3年ぶりのことだった。

振興会の構成団体は、地上イージスの配備候補地周辺の16町内会。「住宅密集地に軍事基地はいらない」と、配備反対の姿勢を明確にしている。振興会のある役員は「イージスについて、いろいろ聞かれると思ったのだろうか」と話す。

今月に入り、穂積市長は「針のむしろだ」と市役所内で漏らしたことがある。市幹部は「イージスの問題は非常に重い課題だが、市に何かの権限があるわけでもない。どう対応すべきか思い悩んでいるのかもしれない」と心中をおもんぱかる。

阿武町長、「反対は当然」（２０１９年３月22日付）

秋田、山口両県にイージス・アショア（地上イージス）を配備しようとする国の計画に対し、ただ一人、明確に「反対」を表明した首長がいる。山口県阿武（あぶ）町の花田憲彦町長（63）だ。

「町民の信託を受けて町長に就任している私の大義は、町民の安全・安心の確保であります」

「町民の安心・安全を脅かすものを排除するのは、町長である私の当然の責務だと確信しております」

「阿武町として、配備反対を明確に表明させていただきます」

昨年９月20日、町議会本会議で花田町長が発した言葉である。

人口３３００人余りの阿武町は、山口県内19市町の中で人口が２番目に少ない、日本海に面した小さな町だ。

「平成の大合併」に全国が揺れていた２００４年、阿武町は当時の町長が合併しないことを宣言。町外からの移住促進に力を入れ、転入者への奨励金制度や空き家バンクといった施策を次々と打ち出した。町によると、空き家バンクを通じた移住は２４０人を超え、町内の小中学校計３校は、移住者の子どもが４分の１を占めるまでになった。

阿武町生まれの花田町長は、町職員としてそのような町政を支えてきた一人だ。

１９７６年に役場入りし、企画課長や総務課長を務めて２０１６年３月に定年退職。その半年余り後に突如浮上したのが、阿武町と隣の萩市にまたがる陸上自衛隊・むつみ演習場への地上イージス配備計画だった。

「イージスが配備されたら、移住してまで住みたいと思った町ではなくなってしまう」――。配備計画の浮上後、移住者からそうした声が上がり、花田町長の耳にも入るようになった。配備計画に対し、当初こそ対応を悩んだが、すぐに腹は固まったと、町長は振り返る。「『自分にとって最大の使命は』と考えた時、よって立つべきは町民だと」

自民党員だという花田町長は「弾道ミサイル防衛の必要性自体は否定しない」とも語る。「だが、積み重ねてきた町づくりの方向性とイージス・アショアは相いれない。自民党員だから政府の言うことには何でも従うなんて、そんな安直なことではだめだと思う」

むつみ演習場に隣接する阿武町福賀地区の住民有志は今年2月3日、地上イージスの配備に反対する町民の会を設立した。

現時点で地区住民の7割以上が参加しているといい、会長を務める吉岡勝自治会長（65）は「町内全域に会員の輪を広げたい」と話す。

降って湧いた配備計画に対し、地区では反対する声が早い段階から大勢を占めた。「われわれにしてみたら、そこに重なった町長の反対表明。町長にも国から相当圧力があるのではないか。これほど心強い味方はない。町民の会として精いっぱいバックアップしたい」

議会での反対表明の際、花田町長は「今後、どういった展開になるか、予測はできません」と述べた。町民の間では、政府からの報復的な措置を懸念する声もあるという。中野貴夫副町長（57）は「元々、保守的な土地柄。いろいろ心配する町民もいるだろう」と話す。

「国のお先棒を担ぐのが私の仕事ではない」。花田町長は、そう言い切る。町は国の出先機関ではない。

「選ばれる町をつくる。」——。阿武町のウェブサイトは、トップページに大きくそう記している。

2018年11月、秋田魁新報の取材に答える花田町長＝山口県阿武町役場

民意、誰が受け止める（2019年3月23日付）

秋田市議会2月定例会最終日の今月19日、イージス・アショア（地上イージス）配備反対の決議を求める請願や陳情計8件が本会議で不採択となった。

請願を提出していた団体の一つが、配備候補地近くの16町内会でつくる新屋勝平地区振興会。佐々木政志会長（69）は結果を見届けると、本会議が終わる前に議場を後にした。

「何と言えばいいか…」。報道陣に囲まれた佐々木会長は、気持ちの整理がついていないようだった。「これでいいわけがない。われわれは誰を信じたらいいのか」

　７日に閉会した県議会でも、同様の請願４件が審議されたが、採択されず継続審査となった。県議会は４月で任期満了となるため、現議会での判断は示されないことになる。

　「地元の判断を一番尊重すべきだ。県が市を飛び越えて、いいとかそういうことは言えない」。配備への賛否について佐竹敬久知事が、秋田市の態度表明を待つ姿勢を会見で示したのが昨年９月。穂積志市長が３カ月後の市議会で「議会での審議は重視したい」と発言すると、市議からは「責任を押しつけられても困る」との声が漏れた。政治的な責任を伴う判断を知事、市長がたらい回しにした先に、市議会と県議会の姿があった。

長門あゆみさん

高嶺格教授

須賀亮平さん

　２月下旬、新屋地区を地盤とする自民県議の菅原博文氏（64）が、今期限りでの引退を表明した。４月に投開票が行われる県議選の秋田市選挙区には、新屋を地盤とする候補が存在しないことになる。

　菅原県議は取材に対し、配備を進める政府と反発する地元住民との間で「苦しい立場だった」と心境を明かした。配備による影響を最も大きく受けることになる住民の声が議会に届きにくくなる現状について、「申し訳なく思う」とも語る。

　21日、配備候補地から約2・5キロにある秋田公立美術大学で卒業式があった。卒業生を代表して謝辞を述べた長門あゆみさん（22）は、複雑な思いで式を終えた。

　前日、謝辞の原稿から地上イージスの配備計画に触れた部分を削除するよう、学生課長から要請された。配備問題は自分たちにとっても重要な問題であり無視することはできないとして、「今後も学生および地域の皆さまが平和な生活を過ごせるよう、心から願っています」と結んだ文章だ。

　高嶺格（ただす）教授（51）＝ビジュアルアーツ＝は「大学では、社会のさまざまな問題に目を向けた上で作品制作を行うよう指導し、そのような作品を高く評価している。今回の件はそれに矛盾している」と憤る。長門さんは「何かを非難しているわけでもないのに、どうしてこれが駄目なのって。びっくりしたし、やるせない気持ちになった」と話す。

大学院を本年度で修了した須賀亮平さん（25）は、修了制作に「凪（なぎ）の国」という映像作品を残した。

大学入学から6年を過ごした地に降りかかった配備計画を念頭に、「風を起こすこと」を禁じられた架空の国を描いた作品。その冒頭、「この国は風が吹くことを恐れているようだ」という一文が画面を流れる。

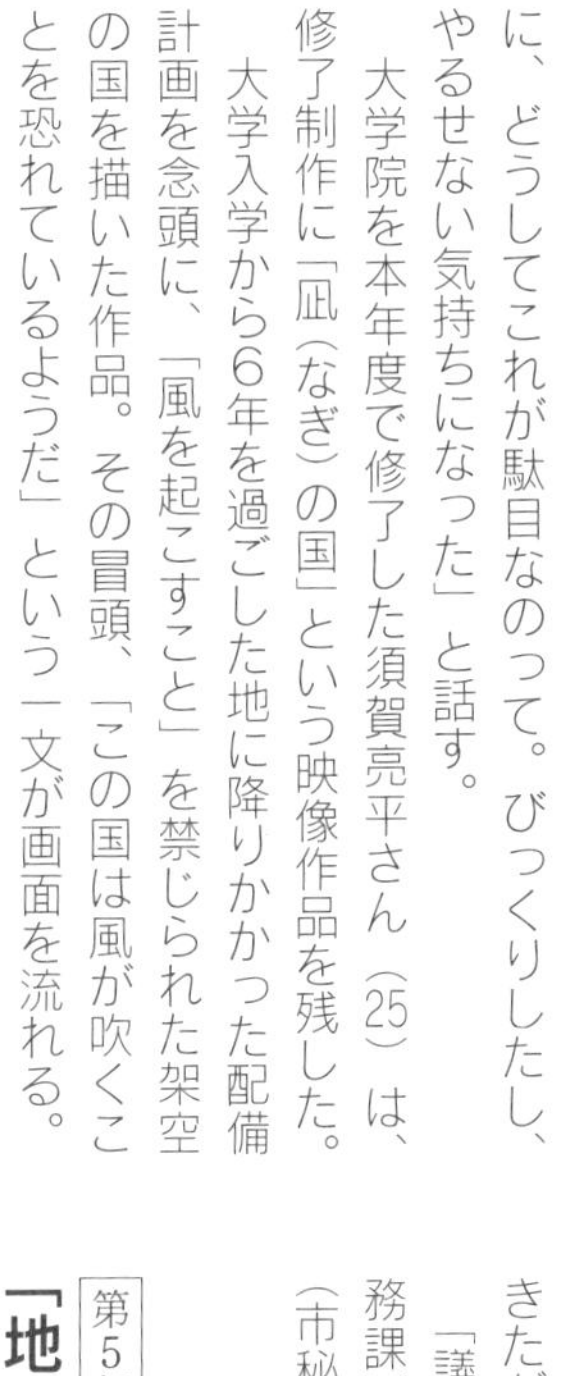

秋田市議会総務委員会の傍聴を終え、報道陣の取材に応じる新屋勝平地区振興会の佐々木会長＝2019年３月13日、秋田市役所

「多くの人があいまいな態度を取る現状は、夕凪（ゆうなぎ）のよう。作品に例えて言うなら、その先にあるのは夜の闇です」。須賀さんは言う。

本連載第4部の掲載に向け、取材班は2月下旬から知事と秋田市長に対面取材を申し込んできたが、いずれも応じてもらえなかった。

「議会や会見の場でオープンに対応している」（県総務課）、「議会や会見で折に触れて見解を述べている」（市秘書課）というのが、その理由だった。

第5部　配備の前提
「地元の理解」何を指す（2019年5月22日付）

「地元の理解」とは何を指すのか。その定義すらはっきりしないまま、地上イージスの配備に向けた各種調査が行われてきた。連載「盾は何を守るのか」第5部は、配備の前提とされる地元の理解と各種調査に目を向ける。

記者「地元の理解を得てから配備を進めるという姿勢なんでしょうか」

防衛相「私どもとしては、地元の理解をしっかり得るように努力をするということです」

記者「防衛省側が努力すれば、それで配備を進めるということでしょうか」

防衛相「住民のみなさまが安心して理解できるような、そういう努力をしていくということであります」

記者「強行しないということですね」

くということです」

記者「強行しないということでよろしいんでしょうか」

防衛相「私どもとしては、理解を得る努力を続けていくということであります」

防衛省職員「以上で終了させていただきますっ、ありがとうございましたっ」

昨年6月22日、秋田市山王の県議会棟。

イージス・アショア（地上イージス）の配備計画を巡り、小野寺五典防衛相（当時）は佐竹敬久知事との会談後、報道陣の取材に応じた。地元の理解は配備の前提なのか―。本紙記者が繰り返し尋ねたのに対し、小野寺氏は明確な返答を避け続け、事務方の掛け声で取材は一方的に打ち切られた。

佐竹敬久知事らとの会談後、報道陣の取材に応じる小野寺五典防衛相(当時)=2018年6月22日、秋田市山王の県議会棟

「地元の理解」とは、そもそも何なのか。

秋田、山口両県が配備候補地に挙がっているという報道があった2017年11月。佐竹知事は取材に対し「説明会を開くなどして地元の理解度を深めながら進めてもらわないと困る」と述べた。

年が明け、昨年2月8日の衆院予算委員会。「配備には地元の了解が必要だと考えているのか」という野党議員の質問に対し、小野寺氏は「理解を得る努力をしてまいりたい」という答弁を5回繰り返した末、「地元の理解と協力は必須なことだと思う」と述べた。配備を進めるための前提として、「地元の理解」が位置付けられた形となった。

しかし、それから4カ月たった6月22日。佐竹知事との初めての会談で小野寺氏がこの点に触れることはなく、報道陣に対しても冒頭に示したやりとりに終始した。

小野寺氏の様子をテレビニュースで見た五城目町の工藤兼雄美（かねおみ）さん(65)は翌月、本紙の投稿欄に「大臣のメッセージを忘れない」と題する一文を寄せた。「『丁寧な説明を心掛けますが、らちが明かない場合は配備を強行しますよ』というメッセージだと思う」。そう記した。

元小学校教員の工藤さんは14年に教頭で定年退職

工藤兼雄美さん

後、文芸作品の創作を始めた。身近に置くクリアブックには本紙に掲載された投稿の切り抜きが並ぶ。それまでに掲載されたエッセーと投稿6本、現代詩15作はいずれも身近な出来事や自然を扱った作品ばかりで、政治的な問題に言及したこの投稿は異質なものに映る。

「ニュースで見た時、あれ？　と思った。言葉で語る以上の真意が態度に表れているなと。秋田を軽んじているんじゃないかなと」

後日、投稿を見た友人から「政治的なことも書くんだ」と言われた。「これまで、こういう発言を積極的にしてきたわけではない。でも、今は声を上げなければいけない時じゃないかと思う」

工藤さんの目には、佐竹知事の態度もひどく曖昧なものに映っている。

今年3月26日、佐竹知事は穂積志秋田市長と共に防衛省を訪れ、配備計画に関する申し入れ書を提出した。その中には「地元理解の尊重について」という項目もあり、配備を強行しないよう記してある。

4月1日の知事会見。何をもって「地元の理解」とするのか定義付けた方がいいのではないかと記者から問われた佐竹知事は「確かに、地元といってもどこまでもが地元か」と応じたものの、はっきりとした回答を避けた。

「明確に反対と言わなければ、防衛省は着々と計画を進めるはずなのに」。工藤さんは知事の真意をいぶかる。

配備を進めようとする政府、県民を代表する立場の知事。いずれもがその意味するところを曖昧なものにしたまま、「地元の理解」が配備計画の周辺を漂っている。

「不適」あり得たのか

（2019年5月23日付）

イージス・アショア（地上イージス）の配備計画に関して防衛省は、県側との会談や住民説明会のたび、さまざまな資料を持参する。その中に、繰り返し登場する一文がある。

「仮に不適との結論に至れば、配置しないこともあり得ます」

配備候補地の陸上自衛隊新屋演習場で昨年10月から行ってきた各種調査の結果によっては、配備を取りやめる可能性があるという意味だ。

しかし、この記述には肝心な点が欠けている。どのような調査結果をもって「不適」とするのかという、根本的な判断の物差しである。

本来、計画を見直す余地があるという含みは、防衛省の当初の姿勢にはなかったものだ。

「こちらを最適候補地として調査を始めさせていただきたい」。昨年6月1日、配備計画に関連し防衛省関係者として初めて公式に来県した福田達夫政務官は、開口一番こう述べた。

佐竹敬久知事らとの約40分間の会談では、調査の性格について「(防衛上の観点から)しっかり機能するかということを第一にチェックする」「(住民に)影響があるということもしっかり考えた上で、それを全部含めて調査と考えている」という説明があっただけ。配備見直しの可能性を含むというニュアンスはなく、佐竹知事や穂積志秋田市長からも

防衛省が「適地調査」を始めた2018年10月29日、新屋演習場の状況を確認して歩く作業員ら＝秋田市

そうした観点での質問はなかった。

同月14日の県議会、市議会への説明でも、議員から「調査の結果、不適となることがあるのか」と問われたのに対し、防衛省幹部は「配備できないと判断する可能性はゼロではない。ただ、これまでの検討結果に鑑みると、その可能性は低い」と述べている。

防衛省側の態度に変化が見られたのは、その8日後に行われた小野寺五典防衛相(当時)と佐竹知事らとの会談。

小野寺氏は「まず配備ありきではない」と述べ、県側と信頼関係を醸成したいという姿勢を強調した。その後、知事らの質問に対して7月19日付で出した回答文書の中に登場したのが、「仮に不適との結論に至れば、配置しないこともあり得ます」という一文だった。

「地元の反発を考慮し、配備ありきと思われないようにするため、後付けで加えたのだろう」。配備候補地近くの町内会でつくる「新屋勝平地区振興会」の佐藤毅(つよし)事務局長(71)は懐疑的な視線を送る。

防衛省が昨年10月以降行ってきたのは、次の四つの調査だ。

▽レーダーが発する電波の影響を調べる「電波環境調査」

▽配備候補地の地盤を調べる「地質調査」

▽地形を調べる「測量調査」

佐藤毅さん

▽レーダーやミサイル発射装置といった構成品の配置計画を検討する「基本構想策定」

これらは、「電波環境」と「地質」、「測量」の3調査で得られたデータを基に、「基本構想策定」でレーダーやミサイル発射装置などの配置を検討するという関係にある。

岩屋毅防衛相は今月17日の記者会見で、調査結果について「目下のところ、大きな問題はないように聞いている」と述べた。防衛省は27日、新屋演習場が配備に適しているとする調査結果を県や秋田市に伝えるとみられる。

だが、そもそも、これらの調査は「不適」という結果が生じ得るものだったのだろうか。

まず考えられるのは、地質が建物を支えられないような軟弱地盤であることだ。

しかし、沖縄県内で進む米軍普天間飛行場の辺野古移設工事では、地盤の強度を示す「N値」がほぼゼロという極端な軟弱地盤が深さ数十メートルにわたって見つかったにもかかわらず、防衛省は地盤改良工事で対応可能だとしている。施設の規模としては飛行場に比べてはるかに小さい地上イージスについて、地盤の強度が計画見直しの理由になるとは考えにくい。

電波の調査は、実際のレーダーが完成していないため、米国から得たデータを基にして、演習場周辺の各施設の距離を計算式に当てはめた机上での分析を行うにすぎない。測量調査に至っては、現場の地形や標高を調べるだけのものであり、そもそも適否を判断する材料にはなり得ない。

「いろいろ調べました、問題はありませんでした。そう説明するための『調査』としか思えない。沖縄を見ていても、今の政権はやると決めたことはやる」。佐藤さんは言う。

「保安距離」の限界指摘も

（2019年5月24日付）

「保安距離、これが取れない場合、不適です」

昨年8月27日、佐竹敬久知事は防衛省幹部との会談でこう発言した。

イージス・アショア（地上イージス）の配備に対する「地元の理解」とは何を意味するのか。各種調査の結果はどのような基準で適否の判断につながるのか。さまざまなことが曖昧なままにされる中、佐竹知事が自らの判断基準として打ち出したのが「保安距離」だった。

保安距離とは、危険物を保管している建物や花火の打ち上げ場所などを住宅や学校からどれだけ離さなければならないかを指す。危険物製造所や屋外タンク貯蔵所などについては「危険物の規制に関する政令」に定めがあり、花火の打ち上げ場所であれば都道府県が規定している。

　しかし、佐竹知事が口にする保安距離はこれらとは異なり、法的な定めのないものだ。常設のミサイル発射施設が存在しなかった日本で、地上イージスを住宅や学校からどれだけ離して設置しなければならないかという基準は存在しない。高圧ガスや打ち上げ花火とはリスクの大きさが桁違いな迎撃ミサイルの発射装置について、どれだけの「保安距離」が必要だとイメージしているのか。

ルーマニアの例を当てはめた地上イージス配置イメージ（県資料に基づく）

　佐竹知事は昨年7月30日の会見で「最低1キロぐらいの保安距離は必要ではないか」と述べたものの、「それだけあれば配備を認めるのか」という質問には「それで初めて議論が始まる。そういうふうになれば、ある程度議論の余地が出てくる」として、明確な判断基準とはしなかった。

「距離がどうこうという問題ではない」。配備候補地に近い秋田市新屋の勝平台町内会長、五十嵐正弘さん（71）は言う。

　今月15日、陸上自衛隊新屋演習場付近の16町内会でつくる新屋勝平地区振興会の本年度総会が開かれ、五十嵐さんも出席した。

「地域一丸となって反対を訴えていこう」「有識者を招いて配備の問題点を確認しよう」。話題は地上イージスにも及び、計画の撤回を目指して今後も行動していくことを改めて確認した。

配備の前提を巡る経緯

2017年	11月	▶配備候補地に新屋演習場が浮上。佐竹知事は「地元の理解度を深めながら進めてもらわないと困る」と発言
18年	6月1日	▶福田防衛政務官が来県し、新屋演習場を最適候補地として調査を行いたいと説明
	14日	▶県議会、秋田市議会への説明で防衛省幹部は「配備できない可能性は低い」と発言
	22日	▶来県した小野寺防衛相（当時）は「地元の理解は配備の前提なのか」という質問に答えず
	7月19日	▶防衛省作成の回答文書に「仮に不適との結論に至れば配置しないこともあり得ます」の記述
	25日	▶新屋勝平地区振興会が「配備反対」を決議
	8月27日	▶佐竹知事は防衛省幹部との会談で「保安距離が取れない場合、『不適』です」と発言
	10月22日	▶調査の内容や進め方についての住民説明会
	29日	▶防衛省が新屋演習場で調査を開始
19年	3月20日	▶3月末までとしていた調査期間を5月まで延長すると防衛省が発表
	26日	▶佐竹知事と穂積秋田市長が防衛省に申し入れ書提出。「地元理解の尊重について」という項目も
	4月1日	▶会見で佐竹知事は「何をもって『地元の理解』とするか定義付けては」の質問に明確に答えず
	今月27日	▶防衛副大臣が来県し調査結果を知事、秋田市長に説明予定

振興会を構成する勝平地区は新屋演習場から2キロほどの範囲に位置し、約5400世帯、約1万3千人が暮らす。

五十嵐正弘さん

配備計画が浮上した当初、振興会は組織としての態度表明に慎重だった。「政治団体なら賛成や反対の集会をできるが、振興会として賛否を明らかにするのはなじまない」。一昨年12月の本紙記事には振興会事務局長の言葉が紹介されている。

変化が生じ始めたのは、防衛省が正式に新屋演習場を配備候補地として名指しし、県や市、地元住民への説明を始めた昨年6月以降のことだ。

7月、振興会は「住宅密集地にミサイル基地は必要ない」として、配備反対を決議。翌月には、知事や市長に対して「国に対し『配備計画は撤回を』の姿勢で臨むよう求める」とする要望書を提出した。

さらに11月には、市議会に計画撤回を決議するよう求める請願を提出。こうした振興会の姿勢については、佐竹知事も県議会本会議で「理解できる」と述べている。

米軍の地上イージスが世界で唯一、実戦配備されているルーマニアでは、周辺の状況はまるで異なる。

地上イージスが置かれているのは、約900ヘクタールの面積を持つルーマニア陸軍基地内の米軍基地。基地の周囲には原野や農地が広がり、最も近い人口約3200人の村までは約4キロの距離がある。

一方の新屋は、演習場の至近から住宅地が切れ間なく広がり、フェンスから500メートル圏内に勝平小学校、勝平中学校、秋田商業高校がある。勝平台町内会長の五十嵐さんの自宅も、演習場までは800メートルほどしかない。

南北2キロ、東西800メートルと限られた土地しかない新屋演習場では、レーダーやミサイル発射装置を日本海側に最大限寄せたとしても、住宅地との間に保てる距離は1キロ余りが限界だ。

「そもそもそんなに広くはない演習場。保安距離をいくら取ろうが、住宅地に近いということは変わらない」。五十嵐さんは言う。

防衛省の原田憲治副大臣は27日、県庁を訪れ、新屋演習場で行ってきた調査の結果を報告する。

第6部 ほころび 断面図に生じた矛盾

（2019年6月26日付）

ずさんデータ問題を機に、地上イージスの配備計画は、潮目が大きく変わった。調査報告書に生じた小さなほころびは、何を意味するのか。背景を考える。

◇

防衛省職員「申し訳ありませんが、本日中の回答はできません」

本紙記者「正しい数値なのかどうか、それだけでも確認できないんですか」

職員「担当が複数の課にまたがっておりまして、本日中の回答は難しい。明日以降、準備ができ次第、回答しますので」

今月4日午後6時40分。防衛省報道室の担当者と本紙記者による電話口でのやりとりだ。地上配備型迎撃システム「イージス・アショア」の配備計画に関する「適地調査報告書」の公表から8日。事実と異なる過大なデータを記載しているのではという本紙の指摘に対し、3時間後に電話を返した担当者は、回答を示さなかった。

防衛省が昨年6月に秋田、山口両県への配備計画を公にして1年。この間、防衛省は地元に対する説明資料をさまざまな機会に示してきたが、5月27日に公表した調査報告書は、それらの中でも際だって大きな意味を持つ文書だ。

地質や測量、電波影響に関する調査内容などをつづった上で、101ページにわたる文書は末尾にこう記す。

「各種調査の結果、（中略）新屋演習場において安全に配備・運用できると考えています」

配備計画は万全なものであるという、高らかな宣言だ。

しかし、この1年間、配備問題を追ってきた取材班には、大きな違和感があった。住宅地にあれほど近い場所がなぜ唯一の「適地」と言えるのか。新屋演習場への配備を考える上での最大の疑問が、いくら報告書を読んでも解けなかったからだ。

検討を重ね、報告書の問題点を指摘する連載「『適地』報告を読む」を始めた。

住宅地との間に緩衝地帯として設けるという「700メートル」にはどんな根拠があるのか。電波が周辺に及ぼす影響には有事の際の想定がないのではないか。浮かんだ疑問を連日記事にしていった。

そうした中で取材班の強い関心が向いたのは、代替地になり得る場所が他にないかを調べた17ページにわたる「他の国有地の検討」だった。

配備に支障のない場所が他に見つかれば、新屋演習場は唯一の適地と言えなくなる。防衛省があくまでも新屋への配備を進めるつもりなら、他に適地を見つけるようなことは、むしろあってはならない。そもそもの矛盾をはらんだ、結論ありきの「検討」ではないのか――。

　6月3日午前10時すぎ、記者の目が、ある地形断面図に止まった。

　男鹿半島にある「本山」がレーダー電波を遮るとして、男鹿市の国有地を「不適」とした箇所だ。

　一見して、本山の断面図は垂直方向に高さを誇張して描いているようだった。だが、試しに分度器を当ててみると、図面上の仰角は、防衛省が現実の仰角として記載している「15度」と一致した。実際よりも高さを誇張して描いている図では、起こり得ない一致だ。

　水平距離と標高を基に三角関数を用いた計算をしてみると、「4度」という答えが出た。同僚2人が別々に計算しても同じだった。事実とかけ離れた過大なデータを基に「不適」の判断を下している疑いが浮上した。

　記者は男鹿へ向かった。国有地近くから本山を眺めたが、目測では角度がよく分からない。

　夕刻が迫り、本山の上方には沈みゆく太陽があった。緯度や経度、日時を基に太陽高度を算出するウェブサイトで調べると、あと1時間もすれば太陽高度が15度になることが分かった。

事実と異なるデータに取材班が気付いた2019年6月3日、男鹿市の国有地近くから「本山」を撮影した写真。午後5時半すぎに撮影した左上は太陽高度が約15度、6時半すぎの右上は約4度の位置にある。下は調査報告書の記載

調査報告書を巡る経緯

日付	経緯
18年　6月1日	▶福田達夫防衛政務官が来県し、新屋演習場を最適候補地として調査を行いたいと説明
10月29日	▶防衛省が新屋演習場で調査を開始
19年　5月27日	▶原田憲治防衛副大臣が来県し、「新屋演習場において安全に配備・運用できると考えている」と結論づけた調査報告書を知事、秋田市長に提示
6月5日	▶調査報告書に事実と異なるずさんなデータが記載されていると秋田魁新報が報道
6月17日	▶岩屋毅防衛相が来県し、事実と異なるずさんなデータが記されていた問題について知事、秋田市長に謝罪

迎えた午後5時半すぎ。果たしてその時刻の太陽高度15度は、本山よりはるか高い位置にあった。さらに約1時間後、約4度まで下がった太陽は、本山の山頂にぴたりと重なった。

翌日、測量会社に依頼し、現地で測量してみると、得られた仰角はやはり4度だった。東京・市谷の防衛省に電話した上で、質問状をファクスで送信。3時間後、報道室の担当者から連絡があったものの、やりとりは冒頭に示した内容に終始した。

翌5日。本紙1面に「適地調査、データずさん」と見出しを打った記事が載った。

午前9時半、報告書の内容を防衛省が県議らに説明する県議会全員協議会。会場のテーブルには、本紙報道を裏付ける「正誤表」が載っていた。

住民軽視の「新屋ありき」（2019年6月27日付）

防衛省の調査報告書に事実と異なるずさんなデータが記されていた問題は、本紙報道に続き、全国紙や通信社、在京テレビ各局が相次いで取り上げた。8日の住民説明会で職員が居眠りをした問題も重なり、配備問題への関心は全国に拡大した。

「グーグルアースで作成した断面図の縮尺が縦と横で違っているのに気付かないまま、図面を定規で測って計算してしまった」。防衛省の釈明からは、国防上の重要政策を扱う立場とは思えない、職員のお粗末な仕事ぶりが浮かんだ。

だが、この問題が映し出したのは、それだけではなかった。

データの誤りを防衛省が認めた5日の県議会・秋田市議会全員協議会。他の国有地4カ所について、正確な仰角を判断基準にすると、近くの山がレーダー電波の障害物とはならないことが分かったが、防衛省はそれでも、配備に「不適」であるという姿勢を崩さなかった。

防衛省がそこで新たに持ち出したのは、道路や電気、水道の整備などに時間がかかるという説明。「（他の国有地に）これからインフラを整備するという考えはないのか」という質問に対し、防衛省は「確かにそれは可能だが、インフラ整備には相当な時間がかかると考え、不適とした」と釈明した。地上イージスの運用開始まで少なくとも5、6年はかかるとされる中、説得力は薄かった。

後付けの説明は、さらに続いた。

「津波は何メートルを想定

防衛省の後付けの説明

- **電波の支障となる山の仰角を過大に記していた国有地の一部について、インフラ整備に時間がかかる**（6月5日）
- **新屋演習場について、配置するには土地のかさ上げなど津波対策が必要**（6月13日）

していますか。数字が何もない。信用できない」。10日に秋田市で開かれた住民説明会。男性出席者が、新屋演習場周辺にどのぐらいの津波が押し寄せると想定しているのかを尋ねた。

調査報告書によると、防衛省が他の国有地を「不適」とする理由に津波の影響を挙げているのは8カ所。しかし、うち4カ所は浸水想定域が海岸のわずかな範囲にとどまり、標高も新屋演習場と大差はない。

男性の質問は、同じような条件下でなぜ新屋だけを「適地」と認定できるのかを問うものだったが、防衛省戦略企画課の五味賢至課長は「資料を精査して改めて説明させていただく」と述べるだけだった。

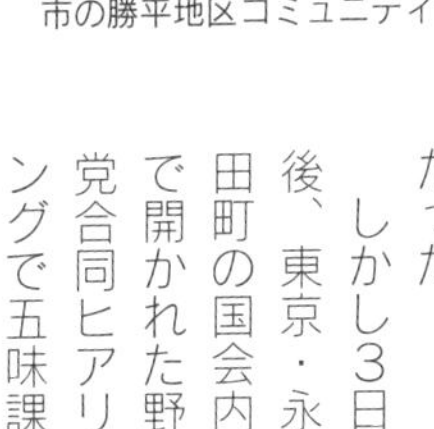

住民説明会で配備計画について説明する五味戦略企画課長（左から2人目）ら防衛省関係者＝2019年6月8日、秋田市の勝平地区コミュニティセンター

しかし3日後、東京・永田町の国会内で開かれた野党合同ヒアリングで五味課長の説明は一変する。

「新屋に津波の影響がないと判断した根拠は」「津波で不適とされた他の国有地と、新屋との違いは何なのか」。野党議員から次々挙がる質問に、五味課長は答えた。

「演習場は一部が浸水想定域に入っているが、かさ上げなどの対策で津波の影響はないと判断した」

調査報告書に盛り込まれていない、初めて明かされる対策。「他の国有地もかさ上げすれば、不適ではなくなるだろう」。議員の批判は高まった。

「何を考えているんだ。われわれは人生が懸かってるぞ」。秋田市の男性（40）が住民説明会で職員の居眠りを指摘した姿は、テレビで何度も報じられた。

男性は、妻と中学生、小学生の子どもと新屋演習場の近くに暮らす。「あなた方にとっては、どこか遠い国の出来事みたいな感じかもしれないが、われわれは毎日、ここに住んでいる」。住民説明会で吐き出した言葉は、一人の親としての率直な不安だった。

「子育て世代って、なかなかものを言いにくいところがある。でも、黙って見ているわけにはいかないと思った」。説明会から2週間余りたつ今、あの日の心境をそう振り返る。

防衛省は、ずさんなデータの問題について謝罪し、他の国有地を再調査する方針を示した。だが、問題発覚後の流れの中で浮かぶのは、どのような理由を持ち出してでも新屋への配備を曲げまいとする、住民軽視の姿勢だ。

「再調査するのであれば、真っさらな状態に戻して検討するのが筋のはず。再調査する前から新屋が適地だと言うのはおかしい。『新屋ありき』が透けて見える」。男性は言う。

知事や県議、一転硬化（2019年6月28日付）

「新屋を前提に協議があるということではなくて、なぜ新屋なのかという、もう一回そこからスタートというふうに考えてます」

24日の県議会予算特別委員会。佐竹敬久知事は、地上配備型迎撃システム「イージス・アショア」の配備計画に対する考えを問われ、こう述べた。「全部最初から、一から、そもそも論から。物理的、論理的な説明がないことには次の協議には入らない」。防衛省が新屋演習場への配備計画を表明した昨年6月以前に時計の針を戻すという意味合いだ。

「来年中には態度を決めなくてはいけないと思う」と発言し、自身の態度表明に向けた一定のスケジュール感を示していたのが、今月3日。その2日後に発覚したずさんデータ問題を機に、姿勢は大きく変わった。

知事だけではない。

能代市議会では25日、新屋配備の撤回を求める請願が賛成多数で採択された。湯沢市の鈴木俊夫市長も24日、定例会見で「今の状況を考えると不必要ではないか」と配備反対の見解を示した。配備計画に対する批判的な視線は広がりつつある。

「ものすごく簡単に決めたようにしか見えないというのが正直なところだ」。自民党県議の鈴木健太氏は、24日の県議会予算特別委員会で質問に立ち、新屋演習場を配備候補地に選定した防衛省の判断に疑義を呈した。

（27日の県議会本会議）

元自衛官、2期目の43歳。新屋配備については「他に（配備地が）ないのならやむを得ないが、十分検討したとは思えない」という立場だったが、防衛省が調査報告書を公表して以降、代替地があり得るのではないかという考えに傾いている。

鈴木氏にも、防衛省の姿勢は「新屋ありき」と映っている。「誰の目にも明らかになったのではないか。イージス・アショアを日本に導入する必要はあると考えるが、その場所が絶対に新屋でなければならない理由はないと思う」

同じく自民党所属の35歳、最年少県議の宇佐見康人氏も言う。「(新屋ありきと)そう言われても仕方のないことを防衛省はやっている」

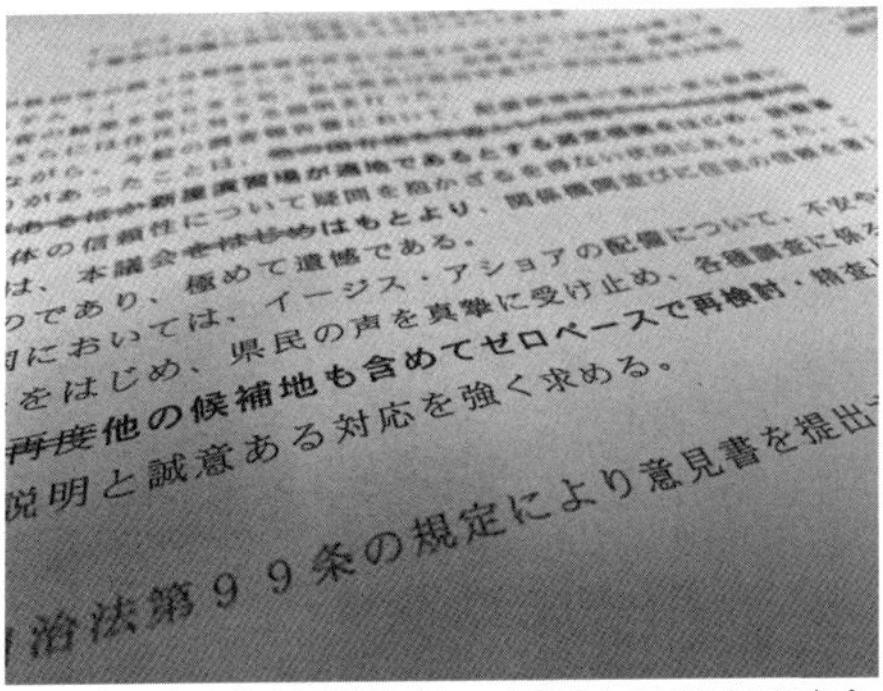

6月県議会最終日の27日。自民党会派が提出した意見書案が可決された。「他の候補地も含めてゼロベースで再検討・精査した上で、丁寧かつ正確な説明と誠意ある対応を強く求める」。配備計画に対し、こう要望した。

県議会の自民党会派が提出し、2019年6月27日の本会議で可決された意見書。「ゼロベースでの再検討」を求めている

質疑の中で、野党系議員から「ゼロベースとは何を意味するのか」と問われ、自民党会派を代表して北林丈正氏は言った。「(防衛省の)報告書においては、新屋ありきという印象が拭えない。新屋ありきではなく、他の候補地もあらゆる候補地も含めて検討すると、そういう意味だ」

同日午後、県議会終了後の知事会見。

自民の意見書について、佐竹知事は「政府与党の立場であっても、県民の意識を捉えると(配備計画に)『はいはい』とは言えないと思う」と述べた。

防衛省は、代替地になり得る他の国有地を再調査した上で、改めて調査結果を示す方針を示している。

「相当われわれも厳しく慎重に、相当厳しく慎重に対応するという、そういう姿勢はますます強くなる」

「国も、(新屋への配備案を)引っ込めるのは難しいだろうが、白紙に戻してもう一回やった方が早道でないかなあと、そう思いますね」

知事は冗舌に語り続けた。

第7部 民意 参院選、「住民投票の様相」(2019年8月5日付)

地上イージスの配備に反対する寺田氏が勝利した参院選を通じ、見えてきたものは何だったのか。連載「盾

は何を守るのか」第7部は、配備問題を巡る民意のありようを考える。

◇

参院選の公示を4日後に控えた6月最後の日曜日。秋田市中心部のホテル宴会場が、来場者で埋まっていった。

野党統一候補として出馬予定の新人、寺田静氏（44）の陣営が開いた「本当のイージス・アショア説明会」。地上配備型迎撃システム「イージス・アショア」とは、どんな防衛装備なのか。秋田市新屋に配備する必要は本当にあるのか…。陣営幹部らが、疑問点を挙げながら説明していく。

参院選の街頭演説で、中泉氏と共に両手を挙げる安倍首相＝2019年7月20日、秋田市中通

聴衆は増え続け、たちまち400人を超えた。1時間で閉会した後、同じ会場で「寺田静氏と語る会」が始まったころには、椅子が足りなくなった。

「予想を超える人出だった」。この日を振り返って、陣営幹部は言う。「来場者の表情が真剣で、配備計画に対する民意の高まりを実感した。『配備反対』を積極的に打ち出していく、大きなきっかけになった」

地上イージスを秋田市新屋の陸上自衛隊新屋演習場に配備する計画が浮上したのは、2017年11月。「地元の理解と協力」を求める一方、何をもって「地元の理解」とみなすのかを明言しない防衛省。県民投票などによる住民意識の把握に消極的な佐竹敬久知事。配備問題に対する民意を明確にすることに国と県が消極的な中、計画の浮上後、初めての全県選挙となる参院選が近づいていった。

「もちろん『配備反対』。だが、選挙戦の中で前面に押し出していくかは微妙だ」。4月下旬、寺田氏の陣営幹部は取材にこう答えた。「配備計画に対する県民の関心や思いの広がりがどのぐらいあるのかが読めない。『配備反対』がどれだけ票につながるのか、読めない」

しかしその後、民意を巡る状況に大きな変化が重なった。

まず6月初め、防衛省による適地調査のずさんデータ問題が、本紙報道で明らかになった。住民説明会での防衛省職員の居眠りなども重なり、配備問題への関心が一気に広がった。

もう一つの変化は、参院選期間中に生じた。

公示された先月4日の第一声で、寺田氏は「秋田の子どもたちにイージス・アショアのある未来を手渡したくない」と訴えた。一方、自民党現職の中泉松司氏(40)は、ずさんデータ問題を「言語道断」と批判する一方、秋田市新屋への配備計画そのものの賛否を口にしなかった。地上イージスを巡って寺田氏と対立する構図を避ける形だった。

その状況を、安倍晋三首相が変えた。

選挙戦半ばの13日、中泉氏の応援で秋田市や横手市などを訪れた安倍首相は、ずさんデータ問題について「極めて遺憾で言語道断」と謝罪する一方、「国民の安全を守り、命を守り抜いていくためにイージス・アショアが必要だ」と強く訴えた。投開票前日の20日にも秋田市を訪れ、「イージス・アショアはどうしても必要だ」と訴えた。

安倍首相と菅義偉官房長官がそれぞれ2度応援に入るという異例のてこ入れをしたこともあり、配備計画への理解を求める安倍首相の姿は、さまざまなメディアに繰り返し取り上げられた。選挙に勝てば、配備計画へのお墨付きが得られたと主張できる状況を首相が自ら作り上げた形だったが、その訴えは、明確な争点として配備問題をクローズアップさせることにもなった。

「イージスに賛成と言っている中泉さんには入れられない」。寺田氏の陣営幹部は選挙戦の終盤、立ち寄ったコンビニの女性店員がそう口にするのを聞いた。「イージス反対をむしろ強く訴えるべきなんだと、確信した」

寺田氏と共闘した社民党県連代表の石田寛県議は、選挙戦を振り返って言う。

「最終的には、イージス問題を巡る住民投票のような様相になった。こっちの思うつぼだった」

「配備反対」全県に拡大(2019年8月6日付)

「混戦模様の東北の中でも、最も注目を集めているのが秋田選挙区」——。参院選の公示から間もない7月8日、「スポーツ報知」にこんな記事が載った。スポーツ新聞が紙面を割くほどの関心が寄せられる選挙だった。

前回2016年の参院選では東北6県で唯一、自民が勝利したが、今回は地上配備型迎撃システム「イージス・アショア」のずさんデータ問題で状況が一変したと紹介。「せめて防衛省が『ゼロから調査し直す』と言えばよかったが…。そりゃあ、逆風ですよ」という自民党関係者の声を載せた。

　発言の主は、自民現職・中泉松司氏（40）の陣営幹部、鎌田修悦さん（73）。今春まで秋田市議を4期務め、議長も経験。国防上、地上イージスは必要だという考えに立つ。「イージスの問題だけで選挙をやったら、地盤の秋田市でも負けるでしょうね、と言ったんだ」

　実際、選挙結果は中泉氏にとって厳しいものとなった。

　地上イージスの配備に反対する新人の寺田静氏（44）に全県で2万票余りの差を付けられた中泉氏は、県内25市町村中、15市町村で寺田氏の得票を下回った。その中には、地盤とする秋田市も含まれた。「この結果からすれば、イージスの問題が関係なかったとは言えない。それ以外に、秋田市で負ける原因なんて考えられない」。鎌田さんは言う。「初めは新屋の話だった配備問題が秋田市全体の話になって、県全体の話になってしまった」

　配備を巡る民意は、参院選に合わせた秋田魁新報社の電話世論調査でも示された。

　配備計画に対し「反対」「どちらかといえば反対」と答えた人は60・7％。「賛成」「どちらかといえば賛成」の28・0％を大きく上回った。県内6地域すべてで、否定的な回答が半数を超えた。

「配備反対と考える人が全県的に多いと知って、びっくりしたのと同時に、安心した」。配備候補地に近い勝平小学校に通う子を持つ、自営業伊藤一恵さん（49）は言う。

　配備計画の浮上後、伊藤さんは苦い経験をした。

　昨年6月に防衛省が秋田市内で開いた住民説明会。マイクを握り、「あなたに小さな子どもがいたら、近くにミサイル基地がある学校に子どもを通わせられますか」と同省職員にただした。一人の母親として率直な思いを述べただけだったが、その後、知人から「何を言っているの」とあしざまに言われ、請け負っていた仕事が急にキャンセルされた。「家族の生活に影響が出てしまってはいけないと思い、配備問題に対する発言を控えるようになった」

　だが、今年6月にずさんデータ問題が発覚し、参院選が近づいたころから、再び思いを口にするようになった。「イージスの問題を話す人が周りでも増えた。タブー視されていたような以前の空気が、変わってきた」

　配備候補地の近くに暮らす元小学校教諭、遠藤眞利子さん（65）は、参院選直前に寺田氏の陣営が開いた「本当のイージス・アショア説明会」に足を運んだ一人だ。「配備計画に対し、私たちだけではなく、多くの県民が『反対』と言ってくれた」。選挙結果をそう受け止

参院選で当選が確実となり、関係者に祝福される寺田氏（中央）
＝2019年7月21日、秋田市御野場の選挙事務所

めている。

配備候補地周辺の町内会でつくる「新屋勝平地区振興会」は昨年、「住宅密集地にミサイル基地は必要ない」として配備反対を決議した。だが、秋田市全体、さらに県全体となるとどうなのか。不安な思いを抱えてきたが、寺田氏の当選により、民意がはっきり示されたと感じている。

「政府の考えが簡単に変わることはないだろう。それでも、今回の参院選は小さな一歩になる」

遠藤さんは言う。

ノンフィクション作家・柳田邦男さんに聞く

調査報道、新聞の役目
時代見通し、地方の姿伝えて

（2019年10月15日付）

地上配備型迎撃システム「イージス・アショア」を秋田市の陸上自衛隊新屋演習場に配備する計画が浮上してから2年近く。秋田魁新報は地方紙として地元の視点に立った報道を重ね、配備問題を巡る「適地調査、データずさん」など一連の報道で2019年度新聞協会賞を受賞した。新聞週間に合わせ、ノンフィクション作家の柳田邦男さんに一連の報道や地方紙が果たすべき役割について聞いた。

◇

一連の報道はキャンペーン性があり、世界的な視点もある。そして何より、秋田という地元の視点がしっかりある。新聞協会賞に値する報道だと思いました。

イージス・アショアの配備問題に対し、東京にいる記者は、秋田の方に場所を決めるそうだとか、どこかに置くのはやむを得ないとか、そういう感覚だったと思うんですよ。だけど、秋田魁は違った。

地元の住民の立場に立って、なぜ秋田なのかというところから出発した。そういう視点に立つことはできそうで、できないんですよ。問題意識の立て方が地方紙ならではだった。さらに加えて徹底的な調査報道の姿勢を貫いた。大事なポイントです。地元だから、できたという単純なものではない。いざというときに、研ぎ澄まされた感覚と執念で多角的に取材する体制ができていたのです。

「適地調査、データずさん」のスクープは、いきなりスクープがあって、その後に報道の厚みを増していくという通常の報道パターンとは違う。

防衛省の配備計画について、とことん疑問点を洗い出し、継続的に粘り強く掘り下げていった。米国が地上イージスを配備したルーマニアにも飛んで、米国の世界戦略の中でどんな意味を持つのかを分析し、報道に広がりを持たせた。広範な取材で、記者たちの感覚

インタビューに答える柳田さん＝東京・内幸町の秋田魁新報社東京支社

が非常に研ぎ澄まされてきたと思うんですよね。
だからこそ、防衛省が今年5月に公表した適地調査報告書を読み込んだ時、男鹿市の山の地形断面図がどうも変だという感覚が働き、スクープにつながった。これは偶然じゃない。しかも、すぐに現場に行って測量した。直ちに行動に移した記者魂は立派だった。

新聞ジャーナリズムにとって、スクープは非常に重要。それは単に他社との競争に勝つということではなく、隠されている問題について徹底的に調査、分析して、虚偽を暴くことです。これこそ新聞が果たすべき役割だと思うんです。

防衛省はなぜ、あんなずさんな地形断面図を作ったのか。公的には、パソコン上で縦軸と横軸の縮尺が全然違う断面図を作り、紙に印刷して、それを定規で測って角度を決めたと言っているが、ほんとにそれを信じていいのか疑問なんです。

二つの解釈の仕方ができる。一つは仕事ぶりが非常にお粗末だということ。防衛省の説明を素直に聞いたとしても、そのこと自体あぜんとする。多くの人の命が懸かる基地であるのに、その程度の感覚で仕事をして立地を決めているのかと言いたくなる。

もう一つの解釈として、住民をだまそうとした可能性だって疑う必要がある。説得力を持たせるためのデータや図を見せられると、普通の人はそこに潜んでいるうそや誤りを見抜けないんですよ。権力を持っている側の隠蔽（いんぺい）やごまかしを住民がそのまま信じたら大変なことになる。メディアが検証して見抜くことがすごく大事なんです。

今はネット社会になり、スマートフォンをみんな持つようになった。1行ニュースというか、フラッシュニュースを見るだけで分かった気になるし、それさえ見ない人もいます。人々のメディアに対する嗜好（しこう）性に迎合することなく、新聞を魅力的にする工夫はやらないといけない。

調査報道という形が一番アピールできる取り組みだけど、人手とコストがかかるから毎日やるのは難しい。年に1回でも、大事な問題に焦点を当てて、深く掘り下げたり、分析したりする記事を打ち出してほしい。

僕は地方の新聞が好きで、出張すると必ず、地元紙を買うんですよ。長野に行けば信濃毎日新聞、新潟に行けば新潟日報、神戸に行けば神戸新聞。それを読むと、地方のにおいがしてくる。

それはそれでいいんです。一方で、注目されている話題や行政の大きなプロジェクトについては、時代的な意味付けとか、全国的にどのぐらい先駆性があるかとか、そういう点にまで踏み込んで書いてほしい。

それから、そこで生きている住民がリアルに登場してくるような記事も書くべきだと思うんです。個人を称賛したり、ヒーロー扱いしたりするんじゃなくて、ほそぼそと生きている庶民が素晴らしいアイデアでこんなことをやっているとかね。そういう視点で記事を書くと、評判になるし、共感を呼ぶ気がするんです。

僕は60年前、NHKに入って、駆け出しの記者として、広島に赴任しました。1960年です。着任直後、大雨で崖崩れがあり、列車が急停車し、あわや脱線転覆を免れるという出来事があった。

先輩と現場に行き、「無事に停車して事なきを得た」というだけの原稿を送り、帰りました。

帰るやいなや、地元の新聞は「退職駅員、人命救う」という見出しで報じていました。鉄道を愛する地元の退職駅員は列車通過時に崖崩れがあったら大変だと思い、雨の中、線路を見回っていた。崖崩れを確認すると、すぐに、近づく特急に赤旗を振って危険を知らせた。それで辛うじて止まることができた。感動的な美談として活字が躍っていました。

デスクからは「お前ら、何取材してきたんだ」と怒鳴られました。出ばなをくじかれたというか、いい経験でしたね。日常から、一歩踏み込んだ取材をする癖がついていると、ちょっとした出来事でも大きな記事になることがあるんですよね。

新聞がこれからも生きていくには、役割をしっかり果たしていかないといけない。問題を嗅ぎ分ける感覚、時代を見通す感覚、そういうものに基づいて粘り強く掘り下げ、そして調査を広げ、より立体的にさまざまな問題を伝えていく。情報環境が変わっても、その使命は変わらない。新聞協会賞の受賞を機に、記者諸君はそのことを改めて自覚することが求められているんじゃないかなと思います。

やなぎだ・くにお　1936年、栃木県生まれ。NHK記者を経てノンフィクション作家に。72年「マッハの恐怖」で大宅壮一ノンフィクション賞。95年「犠牲（サクリファイス）」などで菊池寛賞。災害、事故、医療などをテーマに多彩なノンフィクション、評論を執筆。

関連年表

2015年

11月25日　米国の2016会計年度の国防権限法成立。議会声明に、イージス・アショアの性能や技術を日本に開示することについて「防空・ミサイル防衛能力の相互運用性と統合を促進する重要な機会となる」などと記される

2016年

2月24日　米連邦議会・下院軍事委員会の公聴会で、ハリー・ハリス米太平洋軍司令官が、イージス・アショアを日本が導入することによりアジア太平洋に展開する米軍のイージス艦の任務が軽減されるとの認識を示す

2017年

1月13日　稲田朋美防衛相が米領グアムのアンダーセン空軍基地で米軍の最新鋭ミサイル迎撃システムを視察

3月17日　秋田県男鹿市で政府が主催する全国初の弾道ミサイル避難訓練実施

29日　自民党安全保障調査会が、北朝鮮の弾道ミサイルへの対応策として、イージス・アショアなどの導入検討を加速するよう要請する提言をまとめる

4月29日　共同通信が「地上型イージス優先導入」とする記事を配信

8月17日　日米安全保障協議委員会（2プラス2）が米ワシントンで開かれ、日本がイージス・アショア導入を米側に説明

9月24日　朝日新聞が「陸上イージス候補地／男鹿・佐渡など政府検討」と報道。東日本の候補地の一つとして、男鹿市の航空自衛隊加茂分屯基地を記す

11月11日　読売新聞が「陸上イージス、秋田・山口に／政府調整、陸自が運用へ」と報道

12日　初めての自社出稿記事「地上イージス本県候補／県民、にじむ不安」を社会面に

掲載

12月19日　イージス・アショアの2基導入と陸上自衛隊による運用を政府が閣議決定。配備先は明らかにせず

22日　政府が2018年度予算案を閣議決定。イージス・アショアについて配備先を示さないまま調査費など7億2900万円盛り込む

26日　**連載「地上イージスを考える／地方議員の声」（随時掲載）をスタート**

30日　ロシアのリャブコフ外務次官が日本のイージス・アショア導入に反発し、「ロシアの軍事計画を立てる上で考慮に入れる」とする見解を示す

2018年

1月10日　米ハワイのイージス・アショア実験施設を視察した小野寺五典防衛相が、イージス・アショアについて「巡航ミサイルやさまざまなミサイル防衛に総合的に役立つ基礎的なインフラに今後発展させたい」と発言

23日　**連載「地上イージス／秋田と山口」（全3回）スタート**

25日　**イージス・アショアに関する国会質疑を詳報する「論戦／イージス・防衛」スタート**

29日　**連載「地上イージス／国会議員の視点」（随時掲載）スタート**

2月8日　衆院予算委員会で希望の党（当時）の寺田学氏（比例東北）の質問に対し小野寺防衛相が「首長の理解と協力は必須。それが得られるよう努力する」と答弁

13日　佐竹敬久知事が定例会見で「配備地は別にして、構想は決して否定するものではない。住民に不安があるのは当たり前。これをどう解消するのか、政府にはしっかりやってもらわないといけない」と発言

20日　**連載「点検／イージス発言」（全6回）スタート**

3月28日　配備先を示さないまま、イージス・アショアの導入関連費7億2900万円を盛り込んだ2018年度政府予算が成立

5月14日　佐竹知事が定例会見で「イージス・アショアの説明をしたいので日程調整したい」という電話が同日午前に東北防衛局からあった、と説明

15日　小野寺防衛相が定例会見で、秋田、山口両県が「配備候補地となると考えられる」と発言。配備候補地の都道府県名を初めて挙げる

23日　米シンクタンク戦略国際問題研究所（CSIS）がリポート「太平洋の盾」発表

6月1日　福田達夫防衛政務官が県庁を訪れ、佐竹知事らに「秋田市の陸上自衛隊新屋演習場を最適候補地として夏以降に調査を始めたい」と説明

3日　連載「『適地』はなぜ／秋田と地上イージス」（全2回）スタート

4日　佐竹知事が定例会見で「最適候補地という言い方は、ちょっと違うと感じた。なんとなく、あそこありきだ」と発言。穂積志秋田市長も定例会見で「内部で十分に検討されてきたのかという点で疑義がある」と発言

8日　連載「イージス／私は考える」（随時掲載）スタート

14日　防衛省が県議会と秋田市議会に配備計画を説明。五味賢至戦略企画課長が「（適地調査で）不具合が出た場合、配備できないと判断する可能性はゼロではない。ただ、これまでの私たちの検討結果に鑑みると、その可能性は低い。配備の可能性は高い」と発言

17日　防衛省が初の住民説明会を開催。五味戦略企画課長が「住宅地が多く、多くの人が住んでいるが、現時点では大きな問題があるとは認識していない」と発言

18日　佐竹知事が定例会見で「（安全対策で）具体的なものは何もなく、かなりの疑問が残っている。ふに落ちないものに協力的な態度はとれない。（用地取得が不要な）国有地だから適地としている。安上がりに進めようというのが見え見えで、人をばかにした話だ」と発言

29日　連載「地上イージス考／レーダーの現場から」（全6回）スタート

21日　東北防衛局が新屋演習場で行う地質測量調査の一般競争入札を公告。地元住民の不安が払拭された段階での調査を求めていた佐竹知事は「非常に不愉快だ」と不快感を示す

22日　小野寺防衛相が県庁を訪れ、佐竹知事らと会談。配備の必要性を強調しつつ、「配備ありきの調査ではない」と説明する小野寺氏に対し、知事は「地元感情を軽視している。現時点で是という話ではない」と発言

7月3日　イージス・アショアに関する地元調整を担う「秋田連絡調整事務所」を東北防衛局が自衛隊秋田地方協力本部に置き、業務開始

9日　新屋配備に対する考えを県議にアンケート調査した「県議の過半数反対」を掲載。

翌10日には秋田市議へのアンケート結果「秋田市議も反対過半数」掲載

11日　連載「どうする地上イージス／国会議員に問う」（全4回）スタート

16日　「どうする地上イージス／兵器で未来は守れるか」掲載

19日　防衛省が県からの質問状に文書で回答。他地域の自衛隊施設と比較検討した結果、新屋演習場と山口県のむつみ演習場以外は条件を満たさなかった、と説明

23日　佐竹知事らが防衛省の岡真臣防衛政策局次長らと会談。知事は適地調査の延期を求める

24日　小野寺防衛相が定例会見で、適地調査について「現時点で延期はしない。必要な調査だ」と述べる。知事は取材に対し「地元が何を言っても強行するなら、いくら『丁寧な説明』と言っても意味がない」と批判

25日　防衛省が、26日に入札書の受け付けを予定していた地質調査と測量調査について9月5日受け付け開始に延期。小野寺防衛相は27日の定例会見で地元の要望を踏まえたと説明

28日　防衛省が住民説明会開催。「地元首長の判断のほか、町内会や住民の反対は配備

しない理由になるか」との問いに、五味戦略企画課長は「地元理解が進んでいるかを含め、さまざまな状況を見て最終的に判断する」と述べる

30日 イージス・アショアのレーダーに米ロッキード・マーチン社のLMSSRを選定したと防衛省が発表

佐竹知事が定例会見で、自衛隊施設に限らずすべての国有地を対象とした候補地の再検討が必要だとの認識を示す

8月14日 **連載「問う／地上イージス」（全5回）スタート**

18日 防衛省が住民説明会。迎撃効果の確認に至るまで弾道ミサイルを補足し続ける必要があるため、住宅街のある東側にレーダー波を照射することもありうると説明

27日 佐竹知事らが防衛省の深澤雅貴官房審議官らと会談。防衛省側は、地質調査などで新屋演習場が配備不適となった場合に備え、県内外の他省庁所管の国有地を含め配備先を検討する考えを示す

31日 レーダーが発する電波に関する環境影響調査の一般競争入札を公告

9月18日 菅義偉官房長官が定例会見で、集団的自衛権行使が可能となる安全保障関連法の新3要件に該当した場合、北朝鮮が米領グアムに向けて発射した弾道ミサイルをイージス・アショアで迎撃することができるとの認識示す

19日 県議会本会議で佐竹知事は「あれ、全部、アメリカです」「両用というのは常識と捉えています」と発言。日米両国の防衛用として政府がイージス・アショアの導入を計画しているとの認識を示す

20日 山口県阿武町の花田憲彦町長が町議会本会議で「配備反対を明確に表明する」と述べる

26日 **連載「配備地を歩く／ルポ東欧の地上イージス」（全12回）スタート**

10月2日 県議会予算特別委員会総括審査で、「政治生命を懸けて国と対峙してほしい」と

18日　野党議員が求めたのに対し、佐竹知事は「この程度のことで政治生命を懸けるとか大げさなことは考えていない」と答弁。5日の会見で「(質問議員に対して)短気が出てしまった。直さなければいけない」と反省の弁を述べる

29日　佐竹知事らが防衛省の深澤官房審議官らと会談。防衛省側は、配備の可否について年度内の判断は困難との認識を示す

11月22日　防衛省が新屋演習場で適地調査を開始

29日　新屋演習場近隣の16町内会でつくる新屋勝平地区振興会が、秋田市議会に計画撤回を決議するよう求める請願書を提出

12月7日　連載「地上イージス／阿武町の選択」(全3回)スタート

18日　政府が「防衛計画の大綱」と「中期防衛力整備計画」を閣議決定。イージス・アショア導入が正式に防衛上の計画に位置づけられる

2019年

1月8日　長期連載「盾は何を守るのか」スタート

29日　米政府が、日本政府へのイージス・アショア2基売却を承認し議会に通知

3月20日　3月末としていた適地調査の調査期間について防衛省が、調査項目の追加が必要になったとして5月まで延長すると発表

21日　新屋演習場に近い秋田公立美術大学の卒業式で、卒業生代表が謝辞の中で配備計画に触れ、「平和な生活を過ごせるよう願う」と述べようとした箇所が大学事務局の要請で削除される

22日　岩屋毅防衛相が定例会見で、適地調査の結果を5月中に説明する考えを表明

26日　佐竹知事と穂積秋田市長が防衛省を訪れ、地元理解を得ないまま配備計画を強行することがないよう求める申し入れ書を提出

4月13日　秋田市大町の柳町町内会が配備反対を決議。20日には同市保戸野金砂町の保戸野

26日　金砂町東部会も決議

5月27日　イージス・アショア2基の本体購入費の一部1399億円を支払う契約を米政府と結んだと防衛省が発表

30日　原田憲治防衛副大臣が県庁を訪れ、「安全に配備・運用できる」とする適地調査の結果を伝達。調査報告書を公表

6月5日　連載「イージス・アショア『適地』報告を読む」（全6回）スタート

「適地調査、データずさん」のスクープを掲載

8日　県議会・秋田市議会の全員協議会で防衛省が、調査報告書の中で配備に適さない根拠としていたデータに誤りがあったことを認めて謝罪

10日　調査報告書を説明する住民説明会を防衛省が開催。職員が居眠りし批判を浴びる

13日　県議会本会議で佐竹知事が「防衛省の基本姿勢には疑問がある。話は振り出しに戻った」と述べ、防衛省との協議を白紙に戻す考えを示す

17日　衆院内で野党各党が開いた合同ヒアリングで防衛省が、新屋演習場への配備に際しては土地のかさ上げなど津波対策が必要になるという、調査報告書にはなかった事項を明らかにする

24日　岩屋防衛相が県庁などを訪れ、佐竹知事らにずさん調査問題を謝罪。再調査を行う考えを示す

25日　湯沢市の鈴木俊夫市長が定例会見で「いまの状況を考えると不必要ではないか」と述べ、配備計画に否定的な見解を示す

27日　能代市議会が新屋配備撤回を求める請願を採択

県議会が、候補地選定について「ゼロベースで再検討」することを求める意見書案を可決

7月17日　日本ジャーナリスト会議（ＪＣＪ）が、優れたジャーナリズム活動に贈る第62回

21日　ＪＣＪ賞に「イージス・アショア配備問題を巡る一連の報道」を選出。本紙の受賞は初

参院選秋田選挙区で、配備反対を訴えた野党統一候補で無所属新人の寺田静氏(44)が自民現職の中泉松司氏(40)らを破り初当選

23日　14〜16日に県内有権者を対象に行った電話世論調査についての記事「地上イージス、反対60％」を掲載

29日　秋田魁新報の世論調査結果について、佐竹知事が定例会見で「県民の意見はまっとう。(調査結果は)県や市の意見になると思う」と述べる

8月25日　秋田市を地盤とする自民党の冨樫博之衆院議員(秋田1区)が取材に対し、「新屋への配置はもう無理」という考えを参院選後に防衛省へ伝えたと述べる

28日　防衛省が再調査の概要について県と秋田市に説明。青森、山形両県での調査は「予備的な位置づけ」との考えを示す。佐竹知事は9月2日の定例会見で、「『新屋ありき』でありき全然ゼロベースではない。力でねじ伏せようとしている」と批判

9月4日　日本新聞協会が、優れた報道を対象とする2019年度新聞協会賞に秋田魁新報社イージス・アショア配備問題取材班(代表・松川敦志社会地域報道部編集委員)の「イージス・アショア配備問題を巡る『適地調査、データずさん』のスクープなど一連の報道」を選出。本紙の受賞は1968年度、74年度に続き45年ぶり3度目

11日　県議会本会議で佐竹知事が「新屋演習場への配備計画は振り出しに戻ったものと認識している。今後の防衛省の対応を、慎重に見極めなければならない」と述べる

27日　2019年版防衛白書を閣議に報告。配備計画について「極めて不適切な対応があった。防衛省としては今回の件を真摯に反省している」と記載

10月3日　県議会予算特別委員会で佐竹知事が「再調査の結果が県に示される時期には、県としての意見を明確に示す必要がある」と答弁

10日　防衛省が再調査を開始。調査期限は2020年3月20日

24日　衆院安全保障委員会で河野太郎防衛相が、再調査に関し「新屋を所与のものとして考えるのではなく、調査の後にすべての候補地をゼロベースで考えていきたい」と答弁

30日　再調査の内容と結果を検証する外部有識者による専門会議を防衛省が設置し、非公開の初会合を開催

11月20日　佐竹知事が首相官邸で菅官房長官と会談。菅氏から「再調査では住宅地との距離も考慮して評価するよう、防衛省に指示した」と伝えられたと報道陣に述べる

おわりに

２０１９年7月初旬、秋田県内のある大学で、新聞記者の仕事について解説する講義を担当した。質疑の中で、1年生の女子学生が手を挙げた。

「すいません、きょうの授業とはまったく関係のない話になってしまうんですが……」。どうぞと促すと、学生は遠慮がちに続けた。「私は新屋にある実家から大学に通っているんですけど、イージス・アショアの問題がとても気になっています。個人的なお考えでけっこうなんですが、この先、政府が配備計画を見直す可能性ってあると思いますか?」

学生の実家は新屋演習場に隣接する住宅街の一角にあるという。このような問いかけをせざるを得なかった胸の内を思い、わたしは一瞬、言葉に詰まった。

「蟷螂（とうろう）の斧」という故事成語がある。前脚を振り上げて大きな車に向かってゆくカマキリの様子をとらえたもので、辞書には「自分の微弱な力量をかえりみずに強敵に反抗すること」（広辞苑）とある。

米国を中心とするグローバルな安全保障体制の下で配備計画を推し進めようとする政府。その巨大さの前にわれわれはまさに蟷螂の斧でしかない。そのような思いがしばしば胸にきざす、これまでの取材だった。

だが、この形容は一面、自嘲であるものの、半ば以上に矜持（きょうじ）でもあった。ちっぽけなカマキリにも五分の魂があり、それがある以上、いかに滑稽に見えたとしても斧を振り上げ続けるのだという意地のようなものだ。

魂とは何か。一言でいうならそれは、地域の人々が発する切実な声に耳を傾けるということだ。この地域でジャーナリズムを担う自分たちの軸足を、その声と同じくするということだ。

住民説明会に何度も足を運び考え抜いた末に配備反対を公言するようになった元銀行マン、平和を願う思いを卒業式の謝辞で述べようとして封じられた美大卒業生、周囲の変化に勇気を得て配備反対の思いを再び口にするようになった主婦……。人々の思いは記者たちの心を確かに揺さぶり、取材の原動力となり続けた。

その意味で本書は、配備計画を追う報道現場の裏側を描いたものであると同時に、この地で生きるそうした人々の姿を描いたものでもある。

冒頭の学生の問いに対し、わたしは次のように答えた。

「政府がいったん決めたプランを見直すということは、あまりないことです。でも、地元に住むわれわれがしっかりと声を上げていくことで、計画が変わる余地は十分にあると思います。地方の声、地域住民の声にちゃんと耳を傾ける社会であってほしいし、そういう社会でなければならないというのが、新聞記者としてのわたしの考えです」

その思いは、いまも変わっていない。

２０１９年12月

イージス・アショア配備問題取材班代表
社会地域報道部編集委員　松川敦志

秋田魁新報社統合編集本部社員

（2019年10月）

本部長	渡辺伸也

［報道センター］

センター長	泉一志

政治経済部

部長	山影寿士
部長代理	田中敏雄
部次長	小川顕
	木村環
	斉藤賢太郎
	大原進太郎
	髙橋さつき
	木村織音
	飯牟礼克年
	佐藤将弥
	藤岡真希
	二木佳奈

社会地域報道部

部長	中田貴彦
部長代理	菊池史利
部長代理	大石卓見
編集委員	松川敦志
部次長	菅原潤
部次長	内田隆之
部次長	齋藤将典
	遠藤卓之
	石塚健悟
	長田雅巳
	加藤慶一郎
	川村巴
	村田悠輔
	石塚佳治
	佐藤桃子
	進藤麻斗
	佐藤和輝
	小松咲希

大館支社

支社長	住吉浩鹿
編集部長	下村直也
	早坂奏子

横手支社

支社長	斎藤純一
編集部長	伊藤寛明
	阿部拓郎

鹿角支局

支局長	相沢一浩

鷹巣支局

支局長	髙橋秀明
	本多恒顕

能代支局

支局長	棟方幸人
	佐々木翔吾
三種駐在	佐藤朋紀

男鹿支局

支局長	三浦ちひろ

南秋田支局

支局長	嶋崎宏樹

本荘支局

支局長	喜田良直
	佐藤優将
にかほ駐在	鎌田秀平

大曲支局

支局長	佐藤辰
	田村璃子
美郷駐在	佐藤亮真

角館支局

支局長	伊藤康仁

湯沢支局

支局長	森元季人
	藤田祥子

東京支社

支社長	赤石昌之
編集部長	小松嘉和
	小松田直嗣

文化部

部長	渡辺歩
部長代理	荒川康一
部長代理	三浦美和子
	内田洋子
	岡田郁美
	三戸忠洋
	斎藤祐希
	柳原史幸
	湊文香
	佐藤悠大

運動部

部長	平野順
部長代理	藤田向
	猪俣光太郎
	伊藤正孝
	田中倫子
	藤原剣
	間杉大旗

管理部

部次長	髙橋ひろみ

［制作センター］

センター長	髙橋雄悦

整理部

部長	阿部弘道
部長	吉田新一
部長	加藤啓二
部長	福原斉
部長代理	鎌田亮
部次長	小山淳一郎
部次長	長谷川寛
部次長	青木美津枝
部次長	佐藤勝
部次長	佐藤拓
部次長	小林智彦
部次長	鎌田一也
部次長	梅川正城
	浅野貴之
	髙橋保
	山上大助
	高山元太
	髙橋広幸
	細川文平
	藤原美樹
	那須智子
	北嶋彩佳
	佐々木真弥
	佐々木泰斗
	千葉園子
	菊地隆秀
	青柳洋祐
	佐々木優
	斉藤慎太郎
	冨樫幸恵
	吉田優花

［デジタルセンター］

デジタル部

部長	安藤伸一
部長	竹内和樹
部長代理	黒崎秀彦
部長代理	佐々木直人
部次長	長野伸
部次長	高橋史也
部次長	越前里佳子
部次長	菅田将晃
	鈴木勝裕
	岡部千穂
	太田正臣
	田中洋之
	谷村亨
	大久保瑠衣
	石塚誠
	齋藤和哉

［論説委員会］

論説委員長	伊藤毅
論説副委員長	渡部永和
論説委員	小川浩義

イージス・アショアを追う

編　著　者	秋田魁新報取材班
発　行　日	2019年12月21日　初版
	2020年６月27日　第２刷
発　行　者	佐川博之
発　行　所	株式会社秋田魁新報社
	〒010-8601　秋田市山王臨海町１－１
	Tel.　018-888-1859（企画事業部）
	Fax.　018-863-5353
定　　　価	本体1,600円＋税
印刷・製本	秋田活版印刷株式会社

ISBN 978-4-87020-410-2 c0031 ¥1600E